U0038440

不可思議的狗知識

Dog's Feeling

如何讀懂狗狗的內心話？

矢崎潤◎著

搖搖尾巴、握握手，
我們最愛毛小孩！

前　言

現今的日本，家庭飼養的犬貓數量已遠大於未滿十五歲兒童人口數。然而每年約有8萬隻流浪狗遭到行政機關撲殺。根據2008年的資料顯示，一年有84264隻狗失去性命，相當於一天有231隻被撲殺，其中包含很多棄養犬或捕抓到保健所的狗。棄犬中，幼犬占了30%。如果能落實結紮工作，就不至於有這麼高的數字。

在提及這些問題時，會有人開始批判行政機關，然而，真正應該受到譴責的是不負責任的私人繁殖動物牧場及棄養的一般民眾。

狗沒有和人一樣的語言，也無法選擇飼主。能在飼養的家庭中幸福生活，不被拋棄地過完一生，完全仰賴飼主及周遭的環境，因此，只要飼主具備適當的知識，陷入不幸的狗會愈來愈少。

本書以淺顯易懂的方式，針對狗一生經歷的過程，以及如何解讀狗的情緒或需求等，並說明和狗一起生活所需之相關資訊。

若是透過閱讀本書，能讓更多人去思考愛犬的心情，享受共同生活的樂趣，彼此都變得幸福，同時也瞭解不幸狗的現況且付出關心，沒有比這更教人開心了。

為了讓存在於我們周遭的狗，能夠擁有更好的生存環境，就從瞭解現在開始作起吧！

矢崎　潤

目　錄

第3章 瞭解犬語以便共同生活

第4章 教狗狗規矩

第5章 瞭解狗狗的身體

本書概要

第1章

日本的犬事

狂犬病預防法制定後，狗逐漸走入家庭，成為家中一員的演變歷程，也提及面臨撲殺命運的流浪狗現況。

犬與日本人的關係演變

狗變長壽了
撲殺問題

第2章

找到適合自己的狗狗

要和狗一起生活，需要作好的心理準備，並解說基本的犬種以及到哪裡找到適合自己的狗。

家人對新成員的期待

居住條件
家中變化

純種與米克斯

幼犬與成犬

寵物店
繁殖業者
行政機關
動物保護團體

第3章

認識犬語以便共同生活

在迎接狗回家前要備妥的用品、瞭解狗的行為與習性之謎及遊戲、散步與外出時的心情等相關說明。

必要的準備

費　用
環　境
必需品
大賣場

開始一起住

一剛始的印象很重要
讓愛犬安心
教愛犬上廁所

狗喜歡的事

瞭解愛犬喜歡哪些事
讓愛犬習慣被觸摸

狗的訊號

肢體語言

安撫訊號
壓力信號

無法善用犬語的狗
容易被誤解的犬語

和狗玩遊戲

遊戲的方法　玩具

規定

▼

在室內玩

在室外玩

享受散步

目　的　時　間

雨天散步與上廁所

健康檢查

事故防範

享受外出

習慣寵物袋

習慣坐車

▼

到狗公園

到狗咖啡館

陪狗走過

可以看家的狗

舒適的睡眠環境

預告飼主懷孕及生下小寶寶

搬家時的注意事項

第4章

教狗規矩

介紹訓練士與指導員的工作，以及「為什麼教養是必要的？」、「要怎麼教？」、「注意事項」等教養問題。

兩大教養主流

服從訓練　邊獎賞邊教導

為什麼教養是必要的？

▼

訓練的基本

以父母的心情教導

教養的方法

找出各種獎賞

教給專家教導

注意安全

行為治療

第5章

瞭解狗的身體

論及狗的保健及健康管理等，以及日常生活中照料事項。亦有生病、受傷或過世等狀況下，飼主應考慮的問題。

保養

肢體接觸對疾病的預防

美容沙龍

注意毛球

注意季節變化

斷耳與斷尾

疾病的預防

▼

疫苗接種

預防藥

口腔照顧

減重

飲食管理

結紮

疾病與受傷的治療

感染症

誤吞異物

關於餵藥

早期檢查早期發現

▼

遺傳性疾病

身體障礙

重病

▼

專科醫師

安寧照護

寵物保險

狗的老年期

老化的照顧

癡呆症的照顧

有關安樂死

喪葬儀式

送別之後

能讓狗狗感到幸福的事

第1章

犬與日本人

預防狂犬病相關法規由歐美引進日本後，
一般家庭飼養寵物犬的數量與日俱增。
伴隨這股風潮，
飼主與寵物犬的關係也有極大轉變。
本章要探討的是，
日本人與寵物犬的關係。

犬與日本人

養狗的方式今昔有別

從以前開始，狗和人類就有密切的關聯，是生活中常見的動物之一。而這樣的連結隨著時代不斷在變化中。

古時被飼養的犬是有工作的

在古代，**狗和人之間有清楚而明確的界限**。除了基於勞役或賞玩目的而飼養的**獵犬**、**鬥犬**及江戶城大奧內的**座敷犬**等特殊狀況之外，其他大都遊蕩於山林或城鎮之間，任意繁殖、隨意生長。狗和人類共存，強健且自由地在社會中生活。當時雖然也有人會拿剩菜剩飯餵食，但基本上**狗被當成獸類**看待。

對人類友善的狗，受到大家疼愛，屬於眾人所有。不知從什麼時候開始，出現被當成「私人所有」而餵食的狗。步入近代化後，城鎮擴大準備、制定**狂犬病預防法**，開始**將狗養在家中的庭院**，擔任看家的工作，稱為「**看門犬**」。

從「我的所有物」到「我的家人」

在經濟高度成長期，花錢購買附**血統證明書的純種狗**，成為**上流家庭的象徵**，引來羨慕眼光。到了1970至1980年代，寵物產業趨於活躍，狗飼料開始普及。狗成為寵物，連一般家庭也能飼養。

之後，隨著公寓的增加，養在室內的狗逐漸家族化，飼主的觀念也從「**養狗**」轉變成「**當成家人般一起生活**」。

以前的人只餵看門犬早餐，白天則讓牠睡覺，等晚上大家入睡後，狗因為空腹而保持淺眠狀態，才能作好看守工作。

犬隻的登錄數量統計

犬隻的登錄數量逐年增加，將來考慮養狗的人也很多。

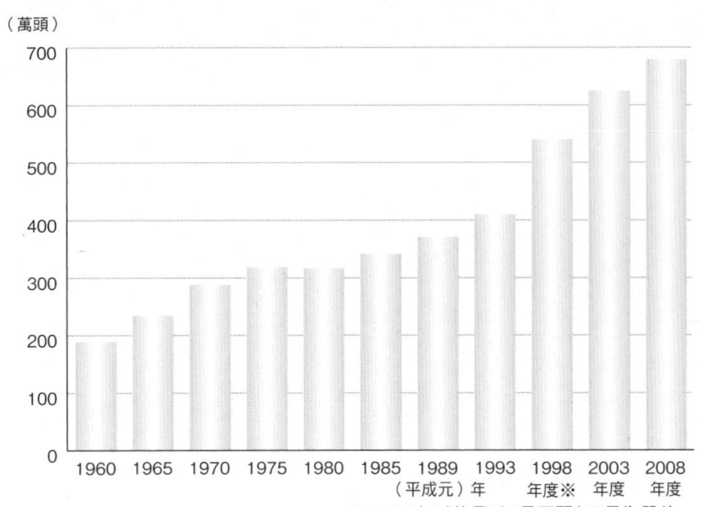

※1988年以後是以4月至翌年3月為單位。
資料來源：厚生勞働省「犬隻登錄數量與預防注射數量等的年度別資料」

平常即存在於周遭，是大家共有的狗。

融入成為家中一員的家犬。

2009年度現況 狗的飼養率 18.3%／飼養意願 42.8%

資料來源：寵物食品協會「全國犬貓飼育率調查」

飼養方式的變遷 1

從野放到養在家中

伴隨經濟的高度成長與都市發展，日本人的生活方式逐漸西化，犬隻們的飼養狀況有了巨大的轉變。

1950至1973年

1950年政府制訂**狂犬病預防法**。在這條法律實施之前，日本國內一年約數十人，甚至百人以上因感染狂犬病死亡。

狗的活動範圍沒有受到限制，也不屬於私人擁有。若要預防狂犬病，就不能放任「未明確標示所有者的犬隻」任意活動，因此，**沒有辦理飼養登記的野犬**會被捕捉送到動物收容所。

直至石油危機發生前的1970年代，高度經濟成長帶來變化，飼主開始流行**拴養**的方式。

1973至1999年

1973年日本實施〈動物保護與管理法〉，愛護動物的風氣在民眾之間高漲，石油危機所導致的不景氣再度復甦、歐美文化陸續傳入。不久，地毯上的餐桌，取代了榻榻米上的矮腳桌，生活型態步入西化。**「狗和人一起生活在室內」的光景**在一般家庭也越來越多見。

進入1980後半至1990前半的泡沫時期，家犬的數量急速攀升，飼養**大型犬**蔚為風潮。養在家中的小型犬是飼養首選的模式被打破，**在室內和大型犬一起生活的型態增加**，牽動了後續的發展。

狂犬病預防法的實施，貫徹了犬隻飼養登錄、預防針注射及流浪狗強制安置等，只花了七年就撲滅狂犬病。

經濟高度成長期後的犬事變化

被當成看門犬飼養在家中。
另一方面，在室內飼養純種小型犬的人變多了。

多數家庭……

飼養在有寬闊庭院及田地，因為室內外相通，人來人往，幾乎很少單獨看家。

部分家庭……

三種小型犬

馬爾濟斯、博美及約克夏
並列為最流行的三種品種。

泡沫時期的變化

一般家庭也開始飼養純種小型犬。
在室內養大型犬的人也增加了。

掀起「大型犬＝**有錢人象徵**」的風潮。

越高大的狗越熱門年代。

飼養方式的變遷 2

家犬增加

隨著少子化及高齡化，狗也慢慢被當成「孩子」或「孫子」般看待，現在則完全成為家中的一分子。

1999至2005年

1999年日本將〈動物保護與管理〉更名為〈動物愛護與管理法〉。當時面臨因棄養而流浪狗的大型犬遭到撲殺等現實問題。事先未充分瞭解飼養上的困難處，一味跟隨流行，造成許多人在**經濟泡沫後化開始棄養**。

儘管有這種不負責任的飼主，但疼愛狗的飼主也逐漸增加。泡沫時期造成地價飆漲，無庭院的家庭越來越多，**將狗養在室內**形成常態，連帶促成了狗的家族化。2003年**狗及貓的飼養數量超過未滿15歲的孩童人數**。「**寵物成為家族一員**」的人與動物共生方式，可以說是在這個時期確立的。

2005年至今

因應飼養寵物的風潮，日本於2005年公布〈動物愛護與管理法部分條文修正〉，加強對寵物業者的規範等。不久，大型犬退燒，中型犬一度增加，最近擁有超高的人氣是貴賓犬、吉娃娃、臘腸狗等**小型賞玩犬**。

在景氣長期低迷的年代，不少人在狗身上尋求療癒。進入這個階段，反而變得無視於狗原本的需要與習性，像人一樣幫牠們穿上衣服作打扮等，當成「**玩具**」或「**布偶**」看待的**傾向也日益明顯。**

有的狗因為「穿戴上它們，主人會高興」而乖乖接受衣服或帽子，但也有的狗並不喜歡，請不要過分強求。

犬貓的飼養數量與孩童（未滿15歲）人數

2003年犬貓的飼養數量超越孩童人數。

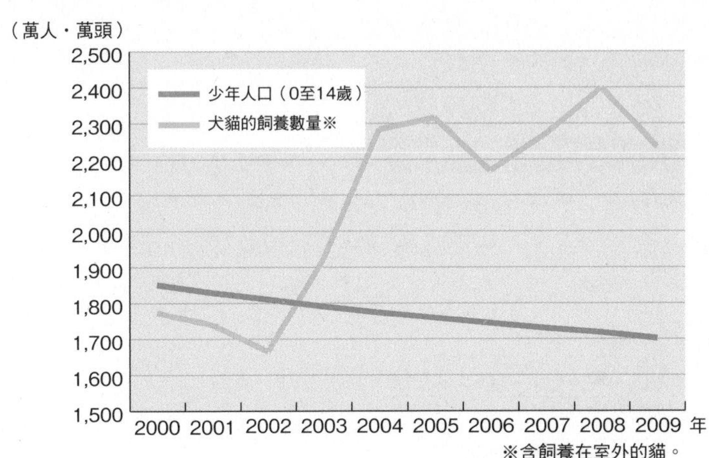

※含飼養在室外的貓。
資料來源：寵物食品協會「全國犬貓飼育率調查」
總務省統計局「國勢調查」

根據英國市調公司的調查結果顯示，
2006年「10歲以下的孩童人數」比狗的數量更少。

現代的人氣犬種（2009年調查）

十大最受歡迎的狗中，小型犬占了一半。

貴賓犬
（玩具貴賓犬
占了90%）

吉娃娃

臘腸狗
（迷你臘腸狗
占了90%）

第4名 博美
第5名 約克夏
第6名 柴犬
第7名 西施
第8名 蝴蝶犬
第9名 法國鬥牛犬
第10名 馬爾濟斯

擁有蓬鬆捲毛且
聰明而大受歡迎的
玩具貴賓犬

資料來源：Japan Kennel Club「犬種別的犬籍登錄隻數」2009年

狗的壽命延長了

飼主觀念的改變，讓狗的壽命變長了。將狗當成家中一員，用心餵食並作好疾病預防及治療的飼主越來越多。

狗飼料在泡沫時期大量普及化

日本的犬隻飼養登錄制始於1950年，當時牠們的食物是**人類的剩菜剩飯**。到了1970年代中期，**狗飼料**的普及率提高。泡沫時期連一般家庭也很自然地改喂食狗飼料，而且一年比一年「高級化」、「多元化」，講究健康導向。

發展至今，飼主對狗飼料抱持兩極化的態度，一種是到超市或寵物中心購買便宜的狗飼料；另一種是挑選高價格、高品質的商品，甚至親手調製。

容易預防疾病的環境

與食物一樣有極大轉變的是飼養方式。「私人所有」的狗變成「家人」，飼主開始有「萬一狗生病或受傷，就要把牠治好」的認知。

飼養方式產生變化，養在室內的狗變多了。飼養在室外，不僅健康會因**寒暑變化而受損**，還可能被**散播疾病的蚊子叮咬**，或是**感染內外寄生蟲**等。生活在室內的狗，**身體始終保持潔淨**，且**多半在飼主的視線內活動**，一有什麼異常較容易被察覺，若有疾病也能早期發現。

現代獸醫十分發達，狗也可以和人類一樣接受高度的治療。**透過適當的環境、適合的食物及獸醫診療**，延長了狗的壽命。

全世界最早的狗飼料於1860年開始販售。一百年後的1960年，日本也開始出現第一個國產狗飼料品牌。

愛犬壽命延長的三大關鍵

為了讓狗健康地長久生活，請注意以下三大重點。

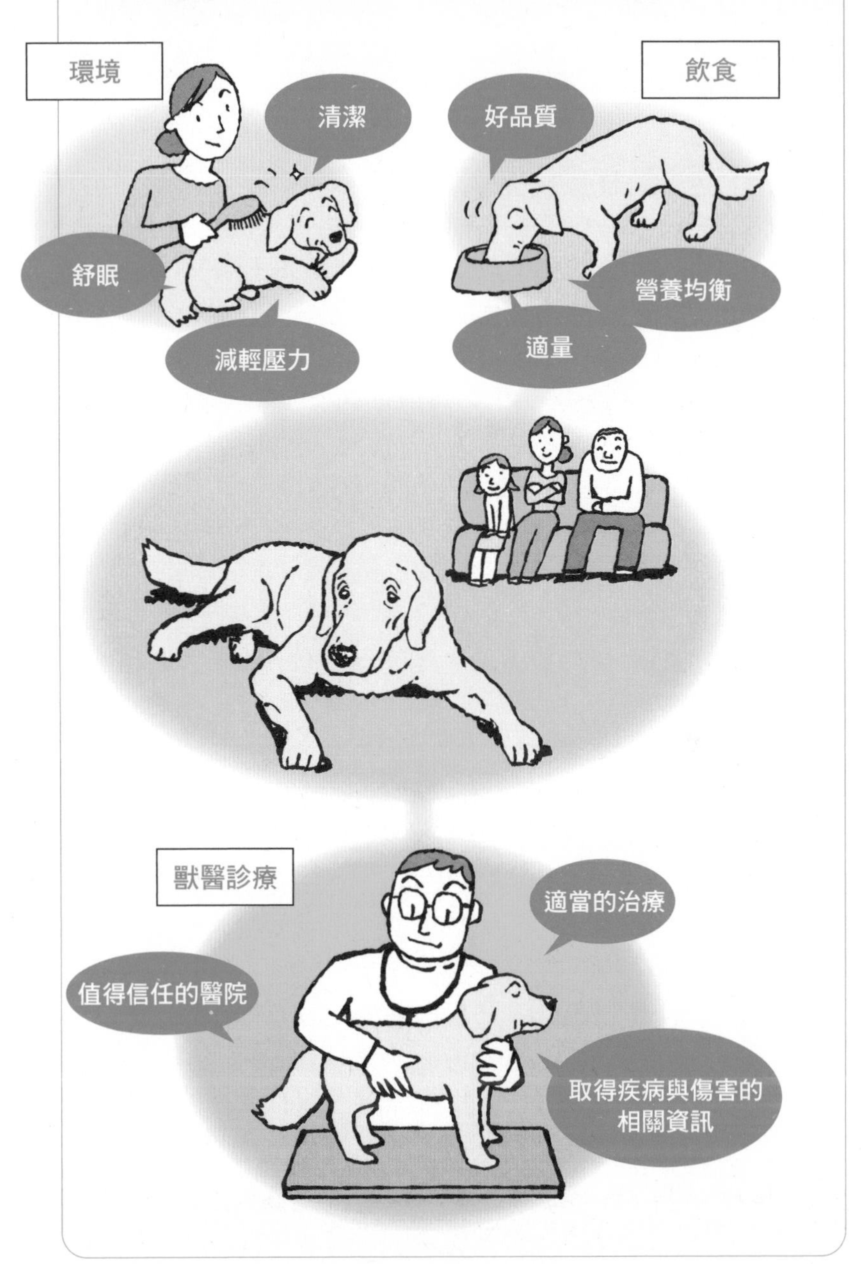

流浪狗從鄉鎮消失

狂犬病預防法制訂後，行政機關開始著手管理流浪狗及走失犬，也努力試著減少撲殺的數量。

狂犬病預防法實施後的轉變

所有的哺乳類都會感染狂犬病濾過性病毒。主要感染途徑是被狗咬傷，所以稱為狂犬病。日本以1950年的〈狂犬病預防法〉為基礎，徹底執行預防對策。行政機關捕捉遊蕩於鄉鎮間的野狗及遭主人棄養的流浪狗，送至保健所等收容安置。

收容所的狗如果無人領養，就會遭到撲殺。昭和50年代（1975年至1984年）超過100萬隻。到了昭和60年代（1985年至1988年）由高峰往下遞減，2008年降到8萬隻。

拯救面臨撲殺命運的狗是首要任務

如果要減少撲殺數量，就必須改變飼主的認知。近年來，**政府**及**民間愛護動物團體**，開始攜手推動**收容犬的認養**、結紮手術以及適當飼養等**飼主教育**。

伴隨著收容數量的減少，再加上飼主領回，或由新飼主領養的數量增加，被撲殺的數量也跟著減少。民間自治團體分別採取不同措施，透過行政機關及愛護團體的共同合作，不只是幼犬，連**成犬的領養**也變多了。因「在遭棄養期間繁殖的下一代」而被送到保健所的幼犬，也在逐漸減少當中。

長野縣為被領養的狗進行結紮手術，成功以約等於撲殺犬隻的預算，使得幼犬的收容數量遽減。

犬隻領回數量・一般領養數量・撲殺數量統計

為挽救收容所中狗的性命，
繼續朝著由飼主領回及認養的方向努力。

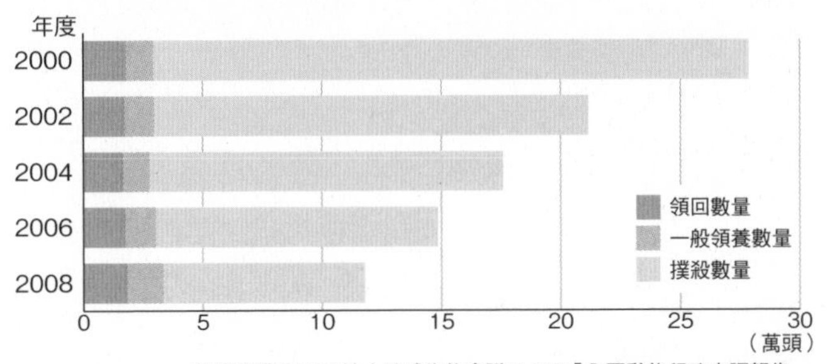

資料來源：NPO法人地球生物會議ALIVE「全國動物行政市調報告」

飼主正確的觀念能減少收容的數量

守護家中的狗，防止隨意繁殖。

不走失

結紮手術

不讓狗走失……

不繁殖無人養育的幼犬……

以「市民之聲」挽救狗的性命

愛護及管理動物的行政作業，不只是收容動物而已，還包括了犬隻登錄、寵物業者的登錄及動物相關賠償處理等，細瑣工作堆積如山。然而人員配置及預算卻非常少。即使如此，因為「不希望安置的動物被撲殺」，有些自治團體的工作者，在工作時間之外，還是繼續執行照顧的工作或舉辦認養活動等。

而能夠聲援現場領養的是「市民之聲」。上級機關如果收到來自市民的心聲，例如：「我在領養會上領養了愛犬，真的很令人疼愛。希望這樣的活動能多多推廣舉行。」不論多寡，只要能傳達給上級單位，就能提高主辦單位的評價。無法養狗的人也可以寫下，「有成犬的領養活動喔！請加油。」這類鼓勵信。

透過領養數量增加和來自市民的好評，提高了代表成果的數值。傳達給知事等上級單位的這類心聲越多，越容易爭取到更多的預算。有了預算才能增加人力，為減少撲殺數量而努力，作更多推廣。

對於動物愛護管理行政單位，若有批評指正之處也不必客氣。另一方面，對於那些用心投入工作的自治團體，希望也能好好以「市民之聲」給予聲援。

第2章

找到適合自己的狗狗

在迎接愛犬回家之前，

請先思考「能成為對狗負責的主人嗎？」

「要去哪裡找到適合的狗？」等問題，

是相當重要的事。

本章整理了一些想和狗一起生活的人

必須知道的事。

迎接狗狗回家之前 1

狗狗無法選擇飼主

希望有意養狗的人都能知道「飼主可以選擇狗，但狗無法選擇飼主」。

準備好要迎接狗入住了嗎？

為了能和狗一起快樂生活，每位家庭成員都必須思考「是不是真的有能力飼養」。與狗相處的時光最長可達十五年，這段時間，家中狀況可能會出現變化。

例如，原本興沖沖要養狗的孩子，熱度消退後將牠帶往野外丟棄，或送到收容所，這樣的例子不勝枚舉。「養一半覺得膩了」、「因經濟狀況養不起了」而棄養會讓狗不知如何是好。被飼主丟棄的牠們，很可能會因此失去性命。基於居住環境或生活方式考量，一開始就選擇「不養」，也是愛狗的一種表現。

考量狗和主人的匹配性

「在寵物櫥窗第一眼就愛上牠」、「忘不了那可憐的眼神」，很多人因這種「命運的邂逅」而將狗帶回家。不論如何，請將這樣的喜愛之情維持到**狗永遠長眠的那一刻**。

愛犬和飼主的關係，也許很接近戀愛的感覺，只要喜歡，就能跨越各種條件及阻礙。很愛吠叫的狗是「好的看門犬」，在鄉下的獨棟人家相當受到喜愛。即使是生病的狗，應該也有抱持「我想要治好牠」想法的人。世上沒有「惡犬」，如果飼主能正面看待狗的行為及特徵，便可以成為最佳拍檔。

「動物愛護管理法」中明訂飼主的責任與義務，對於遺棄或虐待也訂定罰則。

尋找最佳伙伴

和家人溝通討論後，仔細思考哪種狗可以和自己一同快樂生活。

每個人養狗的動機不盡相同。請一開始就想清楚並和家人好好商量，找一隻符合心中所想且能符合生活方式的狗。可選擇的一方認真挑選，彼此才能過著幸福的生活。

迎接狗狗回家之前 2

考量居住環境

飼養的犬種會受到居住條件的限制。尤其公寓管理會與房東的規定，無法光明正大的飼養，對主人或狗而言，都無法得到幸福。

和近鄰好好打聲招呼

在密集的透天住宅區或公寓養狗，要格外注意不要和鄰居發生糾紛。避免鄰居不滿、抱怨，在接狗回家之前，不妨先帶著禮品向鄰居打聲招呼，日後碰面也客氣詢問：「不知道有沒有造成您的困擾？」只要事前設想周全，即使真的稍微傳出吠叫聲，鄰居也比較不會計較。

從鄰居向有關行政機關控訴的案例中，有不少都是彼此原本感情就不好，而後其中一方家裡養了狗。結果是不論狗作了什麼，對方都會有怨言。事先示好可以防止鄰居間的問題因為飼養寵物而複雜化。

可以養寵物的集合住宅也有條件限制

最近住大樓的人變多，許多公寓允許住戶養寵物，但有的管理規約仍限制不得飼養大型犬。

「小型犬比較不會產生問題」基於此觀念而制定規約的公寓，會在規約中載明可飼養的尺寸，如「身高不超過50公分」、「體重在10公斤以下」等，有時還會限制犬種。曾發生住戶雖然一開始選擇了小型犬，長大後卻超過規定的大小，結果和管理中心等發生糾紛的案例。因此事前將居住條件確認清楚是非常重要的。

最近附有大型寵物洗腳台；以「和寵物共生」為號召的公寓正慢慢增加中。

公寓式住宅區飼主的三大問題

居住在公寓的飼主須特別留意不要因養狗而和鄰居起爭執。

要狗完全不能「叫」非常困難，但飼主若找出吠叫的原因或引發點，就能減少吠叫的次數。至於異味及掉毛等問題，這是飼主本該作好的禮儀及公德心。

迎接狗狗回家之前 3

考量是否適合孩子或年長者

狗是活生生的動物，需要費心照料及注意安全。飼養前須考量要撰擇什麼樣的狗，才能和家人共同快樂生活。

不要讓孩子擔負所有責任

許多家庭都是因為孩子想飼養寵物而選擇養狗，但基本的照顧責任落在父母身上，孩子最多只能幫一點小忙。狗不是玩具，孩子無法擔負所有照顧責任，例如讓幼小的孩子單獨帶狗去散步，有可能會發生意外。由父母主導，讓孩子看到大人們對愛犬負責的態度，對孩子而言是一種情操教育。

請幫孩子挑選個性溫和、友善健康的狗狗。不該因為孩子說「我要這隻！」便把牠帶回家。由於有十多年的相處時光，父母也必須要好好疼愛這隻狗。

適合年長者的犬種

60歲後才第一次要養狗的人，請針對各相關事宜和身邊的人商量，仔細檢視。年輕又活潑的狗充滿能量，一起玩時有可能會因狗無惡意的啃咬而受傷，或散步時遭大力拉扯而跌倒骨折，日常照顧上也很費力。建議選擇個性穩定且稍微有點年紀的成犬等，依年長者的力氣就能輕鬆照顧的類型。因為在家時間長的年長者，對狗而言是最理想的飼主。

「不能獨留愛犬，自己先離去」的念頭，可以激勵年長者更重視自己的健康，這是養狗對年長者的一個優點。

與愛犬共同生活期間，家中有可能會變化

即使家人或經濟狀況改變，對狗的疼愛也能持續嗎？

孩子的事	大人的事	年長者的事
考試　上學 工作　結婚	生產　育兒　調職 換工作　離職　離婚	生病　受傷 住院　照護　死亡

由於家庭因素而被丟著不管或遭到棄養的狗，不僅健康受損，甚至會失去性命。請不要忘了迎接狗回家時，將牠當成家中一員的初衷。

迎接狗狗回家之前 4

多養幾隻狗就不會寂寞了嗎？

有的家庭會基於如果愛犬有個玩伴應該會比較好的理由，又養了新的狗。這種作法對原來的狗會產生影響嗎？

單獨看家很可憐？

若是愛犬不喜歡獨自在家，有不少飼主就會再養一隻陪牠一起玩。狗是群居的動物，比起單獨一隻，同伴越多當然是越好玩。但是獨自在家而感到寂寞，並不代表牠想要同類的新成員，而是希望最愛的主人能夠在家陪牠。

對狗而言，人類可以取代同類成為同伴，如果迎接新成員所需的飲食、醫療及照顧會變成沉重的負擔，必須仔細考量其必要性。

留意原有狗的情緒變化

要增加另一隻狗時，首先要顧及的是原有狗成員的情緒。先來到這個家的牠，教會你和狗生活的樂趣，當然要將牠的幸福擺在第一。所以請仔細觀察愛犬是什麼樣的類型。

對待其他的狗十分友善嗎？若是散步時喜歡和其他狗狗一起玩或打招呼，就不必太擔心。相反的，若是看到其他狗會感到害怕、顫抖或攻擊，恐怕單獨一隻對牠才是幸福的。只要能客觀評估愛犬的個性，究竟要不要為牠找個伴，自然會浮現出答案。

同時將手足接回來養，雖然從幼犬時期就能培養感情，但到了發情期可能會變成競爭對手，這點必須注意。

如果養兩隻，問題也會變成兩倍嗎？

一隻變兩隻，問題也全部變兩倍，你有這個覺悟嗎？

不願單獨在家！

新來的狗對不喜歡同伴的愛犬而言是怪物？

有時和新來的狗同住，對原來的狗是一種壓力。

不喜歡狗！

有時候新來的狗會學原有的狗，結果又多了一隻不願看家的狗。或原來的狗對於和其他狗一起住有壓力，使得狀況變得更糟。

當先來的狗產生問題時，最好先處理完畢，再迎接新的狗，這樣會比較好。

迎接狗狗回家之前 5

可以和家裡的貓好好相處嗎？

如果家裡已經有貓和其他小動物，也要比照上一篇的作法，在迎接新的狗時，要優先顧及家中寵物的感受。

和貓一起養的訣竅

同時養貓和狗的重點是，提供貓充分的活動空間。狗必須限定牠的活動範圍，貓則任其四處走動。貓絕對不能受到干擾的是貓食、飲水盆、貓砂盆及睡覺處，要將貓用品放在狗無法碰觸的位置。

如果從幼犬開始訓練習慣貓咪，那麼對狗而言，貓是無害且有趣的家人。貓若對狗感興趣，會主動靠近。可是，狗要是靠得太近或抓弄，貓會生氣地用力抓對方。有了一次至兩次的經驗，狗通常會臣服於貓。一般只要貓居於領先位置，就能維持良好關係。但要注意定時修剪貓的爪子，以免抓傷狗的眼睛。

和其他小動物一起飼養的訣竅

家裡還有烏龜、倉鼠及兔子等小動物時，請將牠們養在籠子裡（P.59）或和狗輪流放出來活動，如同分開飼養。狗是**獵食性動物**，無法預料何時會因為什麼事而激發出狩獵本能。曾發生的案例是，眼見長年一起生活的兔子被外面施工聲音嚇得在屋內亂竄，平常十分沉穩的狗突然一口咬住兔子。不管多溫馴，抱著「我家狗兒一定沒問題」的想法是很危險的。

家中已養貓又打算養成犬時，在領養前最好先確認一下貓的反應。

狗對貓造成的干擾

飼主要注意，不要讓狗對先來的貓造成困擾。

追著貓跑

若是家中貓已經上了年紀或身體有障礙，考量貓的壓力，還是避免讓牠和狗同住會比較好。

挑選狗狗 1

要純種？還是米克斯？

近年養純種犬的家庭變多。不論是純種還是米克斯，都各有優點。

什麼是純種犬？

人類為了狩獵和畜牧，開始對狗進行育種，逐漸發展成家畜。經年累月，因應用途反覆進行品種改良，例如：柴犬（原本是獵犬）、博美（原本是牧羊犬）……固定化犬種。

為了維持犬種原有的姿與性質，使用同種的狗進行交配，稱為純種犬。每一種都訂有犬種**標準**（standard），如此一來，狗的體形、大小及性情等皆可事先預測，可說是一項優點。因此，對已經有清楚既定印象的人而言，相當受歡迎。

目前，全世界約有700至800種犬種，其中由國際畜犬聯盟（FCI）公認的有339種（截至2009年6月），日本畜犬協會（JKC）則登錄了189種（含暫定公認）。

什麼是米克斯犬？

相對於特徵明顯的純種犬，其他混血的犬種的便稱為米克斯（混種，mix）。如果不特別講究犬種，米克斯可以成為很棒的伙伴。米克斯的魅力在於每一隻都有其特色。養馬爾濟斯的人，下次可以再養相同犬種的馬爾濟斯，但米克斯絕對沒有一隻完全相同，而是無可取代，世上獨一無二。

日本的米克斯即使長大，至多是變成中型犬，大部分幾乎都是中型犬以下。一般最常見的稍小於柴犬的體型。

純種、血統改良的歷史

以博美為例，說明品種改良的歷史。

源自薩摩耶犬等北方系的絨毛犬，在冰島等極地冰原拖曳雪橇。

牧羊犬

引進德國後，因牧羊犬及看門犬備受矚目。逐漸小型化。

愛玩犬

19世紀被引進歐洲各地，受到維多利亞女王寵愛而人氣躍升，之後越來越小型化。

挑選狗狗 2

血統書並不是健康證明書

在飼養犬種時，常會聽到所謂的「血統書」，這是為了管理純種犬的證明書，類似人類的戶籍謄本。

為什麼要有血統書？

血統書，在日本主要是由日本畜犬協會（JKC）等團體所出具的證明書。代表是來自同一犬種父母所繁殖的幼犬，記載項目包括了犬種、登錄號碼、性別、出生年月日、繁殖者（breeder，或稱育種者）、前三代的祖先，及是否得過犬展的冠軍犬等。

血統書可以確認犬隻的血統是否純正，卻非性格及健康的保證。而且年近來惡質的業者常偽造內容不實的血統書，所以也不再是「握有血統書就能安心」的時代。

為什麼連鎖引發「遺傳性疾病」？

純種犬最常出現的問題是，有很多遺傳性疾病。而通常患有疾病的犬隻會被排除在血統之外，若是冠軍犬，基於營利目的，還是會讓牠繼續繁殖。於是疾病在此一繁殖血系（家譜）的狗身上代代相傳。

狗是活的動物，無法百分之百的預防遺傳性疾病，如果能先查清楚母犬及公犬的健康狀態，接受治療後再進行繁殖，則可將風險降低。如果是到寵物店購買狗，可以請教業者：「關於遺傳性疾病，你們是採取什麼對策？」藉此確認處理生命的業者是否能提供一個令人信服的答案。

即使沒有血統書，也不會改變純種的事實。但參加犬展（show dog）等場合，必須出示血統書。

瑞典的作法

在義務檢查遺傳性疾病的北歐各國，
能讓這類疾病減少，維護犬隻的健康。

「髖關節發育不全」容易引起髖關節變形及關節炎等，導致無法行走。原因多半是遺傳。好發於黃金獵犬。

在瑞典，**無髖關節發育不全症**的犬隻才能用來繁殖。

瑞典國內有髖關節發育不全症的犬隻，13年來由46%下降至23%。

日本於2001年針對兩百頭拉布拉多犬及黃金獵犬進行調查，結果發現有46.7%的異常率。現今開始試行必須將檢查結果記載於血統書上。

挑選狗狗 3

純種犬重視外表

擁有血統書的犬隻，可參與開立血統書團體舉辦的犬展（品評會）等。在日本，也有接近犬種標準的姿形犬品評會。

何謂冠軍犬？

全球各地都有所謂的犬展，類似人類的選美比賽，同一犬種在外觀上相互較勁，再與其他犬種的第一名爭奪全犬種冠軍（Best in Show, BIS）。在日本，所謂的冠軍犬比賽，有時只有兩隻狗參加，有時是2000隻以上參與的大型競賽，所以「冠軍犬＝優良犬」並不能一概而論。

除了選美之外，在瑞典等國也有針對溺水救助等發揮其原有能力的項目，以及「坐下」、「趴下」等經訓練而來的能力，綜合評分後，選出健康工作的狗，成為冠軍犬。

犬種標準有哪些？

純種犬之所以訂立嚴格標準，是為了讓犬種能保持良好基因，續存時間延長至一百年或更久。所謂的標準，不只要身體健康，心理與行為也必須健康。

不只是姿形，疾病與性格也會遺傳給下一代，繁殖者的工作是將患有疾病、極度害羞及攻擊性高的犬隻，排除在繁殖的血系之外。然而現今是許多人一味追求外表，於是才會出現姿形完美但深受遺傳疾病之苦或個性上有缺陷的狗。

犬展的目的在「評價最接近理想犬種的狗」。日本全國各地一年約舉行300次以上。

挑選純種犬的祕訣

在經挑選要一起生活的犬種時，
可以詢問熟悉該犬種人士的意見。

到大型犬展參觀

試著在犬展結束後，趨前向牽著自己喜歡犬種的人士請教一些問題。大部分的專家都會親切回應。

委託仲介者

委託擁有挑選幼犬專業的人，從許多的情報網中挑出符合希望的狗。

挑選狗狗 4

注意被「製造」出來的米克斯

最近寵物店等也有販售米克斯，外觀十分可愛，卻潛藏遺傳問題等極高的風險。

純種犬交配的米克斯增加中

混合各品種、無法歸類為特定犬種的狗，稱為混種或米克斯。最近有越來越多業者，開始販售高人氣的不同小型犬相互交配的吉娃娃貴賓，或臘腸貴賓等稀有米克斯品種。

因繁殖而出生的狗並沒有違法，而且真的很可愛。但這種廉價的繁殖，只是在玩弄人氣犬種的遺傳因子，是很危險的行為。

廉價繁殖帶來的悲劇

相傳「米克斯很強」，但那是在野犬很多的時代，弱犬會被自然淘汰掉。換成今天的家犬，純種犬和米克斯在健康上並無太大差別。只是純種犬的遺傳疾病較多，米克斯比較不必擔心這方面的問題。**像吉娃娃貴賓這類純種的米克斯，則是在冒著遺傳性疾病風下繁殖出生的，有很高的機率會出現問題。**

第一代的米克斯，容易表現出好的基因，可怕的是出現劣質遺傳因子的下一代。一旦發病，不僅狗本身要承受痛苦，飼主也一樣煎熬。刻意製造有問題的米克斯犬，賺取高價，除了日本，其他地方也有相同情形。以「只要好賣，什麼都好」的心態來製造生命，非常不負責任。

擁有高品質的犬不會用來繁殖米克斯。實際上是以具有某些理由而無法取得血統書的犬來進行交配混種。

米克斯犬的變化

不同時代的米克斯，狀況也不同。

1970年以前

在山野自由活動，
只有強健的狗得以生存。

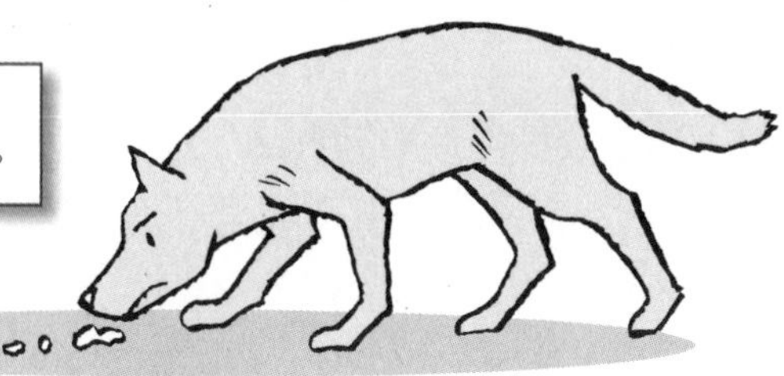

現　代

被養在家中，相對於純種犬，
被稱為米克斯。

雙親都是純種的狗，純種血統幾乎不會改變，而得到遺傳性疾病等的**風險**為原本的**兩倍**。

挑選狗狗 5

幼犬好？成犬好？

說到要養狗，許多人腦中浮現的都是幼犬，然而也有不少狀況是選擇成犬比較好。

「幼犬神話」只存在於日本

每當被詢問有關「我想要養狗」的問題時，在了解對方的家庭狀況後，大多建議他們養成犬。然而，成犬給人「保有與前飼主的感情，不易親近」、「不容易融入新環境」、「教養起來很費事」等印象，所以對方通常會嚇一大跳。

在日本，有著幼犬是完美存在的「幼犬神話」。但是在講究動物福祉的英國及德國，會配合自己的生活方式來考量是要養幼犬還是成犬。而且比起購買幼犬，認養曾被飼主丟棄的成犬，占壓倒性多數。

成犬比幼犬照顧來的容易

狗是非常積極正向的動物。面對新的環境、新的名字、新的家族，成犬會調整步伐加以適應。

幼犬十分可愛，而且可以享受牠成長過程的樂趣，但照顧上也要花費不少心力。加上年紀幼小，有發情期，無法預期未來的性情如何。成犬則不同，不必像照顧幼犬那麼麻煩，個性也相對穩重，有的還會記得廁所的位置或能好好的看家。雙薪家庭要養狗時，評估過人、狗及雙方的負擔，若覺得條件適合，還是會建議飼養成犬。

日本若是能夠聚焦在成犬的優點上，應該可以挽救許多失去家庭的狗兒們。

飼養幼犬與成犬的優缺點

迎接成犬回家有許多優點。

幼犬

優點

無條件討人喜歡

可以看見牠的成長過程

缺點

飲食與排泄的次數多（成犬的一倍）

必須從零開始教導，上廁所及看家等規矩。

無法預測變成成犬後性情如何

成犬

優點

飲食與排泄的次數少

有的已經學會上廁所及看家的規矩

個性已定

缺點

未能參與牠的成長過程

嫌照顧幼犬費事的人，沒有權利和幼犬一起生活。而且可愛的幼犬期一下子就會過去，大約半年就會長成成犬。請仔細考量家中的狀況，作出對人及狗都不會造成負擔的選擇。

挑選狗狗 6

到寵物店選狗

許多人想要養狗時，會選擇到寵物店尋找符合心意的家庭成員。請務必分辨店家的好壞後再作決定。

找寵物店選狗的注意事項

寵物店的優點是可以同時有多種選擇。但購買生病的狗或買回家後壽命不長的問題也層出不窮。

營業到深夜、衛生管理差、飄散動物異味、幼犬吠叫、動物數遠多於工作人員，且工作人員只懂推銷，一旦問及有關遺傳疾病等就露出不耐煩的表情，這樣的寵物店還是避開為宜。在量販店或折扣店販賣的犬隻，幾乎都沒有經過專業人士的挑選，而是在寵物批發市場引進便宜的幼犬來販售。

什麼是有良心的寵物店？

有的寵物店是由工作人員細心地照料每一隻狗。受到細心照料的狗，有著容易親人，或記得上廁所等看不見的附加價值。

如果店內乾乾淨淨，幼犬們活潑地在一起玩耍，那麼他們的採購來源一般值得信任。理由在於，販售不明來歷的狗，也不瞭解狗有沒有遺傳疾病的店家，是無法作到這一點的。由於幼犬越小越好販售，惡質的店家在嬰犬出生約三十天就把牠們買進來，為了避免群聚感染，會把每隻狗隔離後放在櫥窗展示。

在英國及德國，寵物店依法禁止販售活體生物，因為違反了「動物福祉」。

寵物店的問題

幼犬太早離開母犬及手足，會造成社會化不足。

幼犬的社會化期約在出生後3週至16週。

經由和手足的玩耍，可以學習到與其他狗打招呼、控制啃咬力道等**成長過程所需的情報**。

出生後30天至40天就被送到寵物店。

在最重要的社會化期間被關在寵物店的櫥窗……

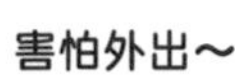

狗的一生，容易出現「恐懼」、「不懂得啃咬力道」等行為上的問題。

挑選狗狗 7

向繁殖者購買

若是飼養的犬種及目的都很明確，直接拜訪繁殖者也是一個明智的選擇。請選擇有信念的繁殖者。

建議十多年前流行的犬種

每當有人問我：「想要一隻好的狗，要怎麼挑選才好呢？」我總回答：「十多年前流行的犬種不錯。」只要當前流行什麼品種，富有的日本便從全球找來品質的種狗。一旦熱潮退去，以買賣為優先的繁殖者便會停止繁殖，而真心喜愛該犬種的繁殖者例外。

真正的繁殖者對於各犬種有**強烈的自我主張**，他們會在彌補繁殖血系缺點下進行交配。「十多年前流行的犬種」至今還在進行繁殖已經是熱度退燒後的3代至5代以上。經過漫長歲月所培育出的犬隻，不僅能夠適應日本的風土氣候，也是獲得世界認可品質更佳的品種。

注意有些販售者不是育種員而是掮客

育種，如果是全心投入，絕對無法因此致富，反而會耗費可觀的金錢與時間。所以很多繁殖者都有其他工作，很高的比例是出於興趣。他們不求作大，不胡亂繁殖，也許要等上一年半載才能培育出幼犬，卻是值得等待的成果。

以營利為目的、一心追求流行的犬種，什麼品種都來者不拒，只是不停的繁殖，這樣的人不是繁殖者，我稱他們為掮客（broker）。

輕率地在家中繁殖，然後於網路上販售，賺取零用錢的非專業繁殖者（kitchen breeder）正在增加中，這個問題值得重視。

尋訪真正的繁殖者

也許會藉由照顧愛犬的一生，而和繁殖者長久交流。

檢查愛犬雜誌或網路

以電話或e-mail洽詢

從應對中了解其人品。

和繁殖者見面

不論遠近，都親自去看一次繁殖的狗。從數量及環境也可看出繁殖者的素質，再思考適不適合自己。

檢查重點

- □犬舍乾淨嗎？
- □狗有沒有一直在叫？
- □是不是培育許多犬種？
- □有好好照顧老犬嗎？

繁殖者也常會對「年收入」、「居住空間」等問題逐一詢問買方。有這種堅持的繁殖者是值得信任的。

繁殖者＝愛犬的娘家！

在碰到「食欲不好」、「不知道要如何教牠規矩」等和愛犬有關的問題時，許多繁殖者都願意接受諮詢。也有飼主會帶著愛犬和牠的手足進行交流。

挑選狗狗 8

向行政機構認養

無人認養的狗會由行政機構進行撲殺。近年因飼主的意識提升，使得撲殺數量減少，認養數量增加。

一般認養與團體認養

行政認養主要分兩大類，一是單獨舉辦以一般民眾為對象的認養會與研習會；二是和民間的愛護動物團體攜手合作，以提升認養的數量。一般領養與團體認養並行的東京，目前整體的認養數量中團體認養占了**九成**。

以前日本只舉行一般認養，現在各地的愛護團體展開活動，奠定保護動物的相關基礎，再與行政機構溝通討論，開啟團體認養之路。

挽救「明天就要被撲殺的生命」

每個都道府縣政府都設有「愛護動物中心」、「動物保護管理中心」等動物收容所，從事保護動物的認養，活動時間皆會公布在行政機構的網頁上。

向行政機構認養的最大好處是，**挽救面臨撲殺命運的動物**。缺點是和愛護團體比起來，這裡的狗並沒有受到細心照料。

認養的條件沒有民間愛護團體那麼嚴格，行政辦理認養的理由包括「適當飼養的普及」、「結紮的啟蒙」、「減少撲殺數量」等理由。希望認養者一定要去辦理登記，並進行結紮手術，作一個不會造成社會困擾的飼主。

多數人會有領養的狗以米克斯居多的印象。其實東京都、名古屋等都市的行政機構收容了許多純種犬。

到認養會場逛逛

請把認養當成迎接狗回家的一個選項。

透過打電話或上網查詢，掌握聯絡人及認養會的日期等資訊。

不少有心的職員，休假日也回來照顧動物及舉辦認養活動。

有的人會擔心「也得去看撲殺現場嗎？」但其實是不需要的，請放心。

挑選狗狗 9

向愛護團體認養

若不執著於狗的品種，與愛護團體商量，一起尋找「適合自己家庭的成員」也是一個不錯的選擇。

請先瞭解舉辦認養活動的愛護團體

幾乎所有的愛護團體都會設立網站，以便在全國尋找新的飼主。但一些沒責任感又沒常識的飼主會致電詢問棄養寵物的事宜，因此愛護團體不再公開地址及電話。現在普遍的作法是，一開始先以e-mail聯絡，再取得每個月1次至2次的認養會等資訊。

愛護團體各具特色，到舉辦的認養會去四處走訪，就能瞭解他們的方針或理念。擁有收容所的團體，認養時間應該會開放參觀，請仔細觀察環境乾不乾淨、有沒有預防感染症對策、收容的動物多不多等情形。

為什麼要設定認養條件？

「家中有幾個小孩？」、「家裡大概多大？」、「請取得房東的許可」許多想認養愛護團體動物的人，都會被仔細詢問相關的問題。也許有人會覺得囉嗦，但反過來思考，愛護團體其實是不得不設定這些條件。

舉行認養活動的信念是基於「**不希望已經被遺棄過一次的狗，再度遭遇不幸**」所以目的不在有人認養就好，最重要的是確定狗在認養後能夠得到適當的照顧，獲得幸福。若是自己在條件方面有疑慮，可以坦白的提出來討論，若真的有心認養，對方也會儘量提供協助。

有的人因同情心而不分輕重的收養動物。這不是愛護動物，是所謂「蒐集者」或「擁有者」的精神障礙。

愛護動物團體

針對狗認養可區分成兩大類。

擁有收容所的團體	中途型的團體

歐美型

可收容與保護一定數量的動物，有負責照顧的員工及志工。

日本型

沒有收容設施，而是在中途之家受到很好照顧。可請教暫時照料的狀況。

到新家庭的狗心情如何？

揮別悲傷的過去，狗是活在當下的動物。

有東西吃
又受到疼愛，
好幸福～♪

被接回新的家庭後，狗會重新整理心情。為牠取一個新名字吧！

出生於幼犬繁殖廠命運悲慘的狗

將飢餓、生病或受傷的狗丟等繁殖者的不道德行為，但這樣的新聞並不罕見。所謂的「幼犬繁殖工廠」（Puppy Mill），是以營利為目的，進行大規模繁殖的犬舍。這些工廠中聚集的都是流行的犬種，母犬只要一發情就讓牠懷孕生下幼犬，當受胎率下降後便送到政府的收容所，然後再買進下一批流行的犬種，重覆相同的操作。繁殖工廠生下的幼犬，四十天左右的稚齡就被送到批發市場，由手握按鈕的買家競標後，當成「商品」出貨。

在英國等動物福祉先進的國家，在法律中納入幼犬在生下後8週之前必須待在父母身邊的條文，許多愛護動物團體也主張日本應該要仿效。但是，日本和歐美國家的文化、習慣及現狀都有所不同，如果讓幼犬待在繁殖工廠8週，也許事態會變得更悲慘。沒賣出去的幼犬恐怕連一般的照顧都沒有。與其如此，不如規定犬舍的每隻飼育面積、限制隻數及有入內調查的權限等措施。將工廠的規模縮小，是不是更符合日本的現狀呢？

以先進國家的作法為藍本，慢慢改變日本的狀況，一起思索有什麼更好的辦法。

第3章

瞭解犬語 以便共同生活

狗不會說話，

而是透過各種肢體語言來表達牠們的情緒。

本章將介紹如何解讀狗的情緒，

以及一起愉快玩耍、

散步、外出該作的準備工作。

必要的準備　1

至少要花費多少錢？

養狗要花多少錢，依品種及飼育方式而異。為了日後不會因經濟問題而棄養，最好作好心理準備。

不論哪一種狗都會有的基本開銷

在相關費用中，迎接狗回家所需的初期投資，在寵物店或大賣場購齊**狗屋、食器、項圈及牽繩**等配備，至少需要5萬日圓左右，若是飼養大型犬，費用就會跳到10萬至15萬日圓。

剛開始一起生活時，**狂犬病疫苗、混合疫苗、絲蟲檢查（血液檢查）及預防藥**，再加上**跳蚤及壁虱驅蟲藥**等，每年為預防疾病所需的醫療支出，還有每天都要吃的狗飼料也不能漏掉。至於衣服及其他用品類，則可視情況購買。

美容及身體保養的費用

有些犬種需要專業**美容**（被毛及身體保養）。毛會持續長的長毛犬，需定期到美容沙龍，如果怠惰不處理，毛就會糾結在一起，嚴重時還會生病。短毛犬若作好梳理等日常的照顧，倒是不一定要去美容沙龍。沒自信在家修**剪爪子或擠肛門腺**（P.158）的人，建議帶到沙龍或動物醫院，由專家代為處理。

和狗一起生活的必要支出加總起來，一個月平均花費三萬日圓以上的家庭占了大多數。如果無法負擔這筆費用，建議不要飼養會比較好。

要和狗生活，一開始需要先花一筆錢。至少要依據愛犬的尺寸，準備基本的配置。

基本的支出參考

養狗之前必須考量的養育費參考。（依犬種、地區、醫療機構、美容沙龍等多少會有一些差異，僅共參考。）

不論犬種必要的基本開銷

		小型犬	大型犬	備　註
生活費	生活用具	約5萬至10萬日圓	約10萬至15萬日圓	狗屋及食器等。成犬馬上需要項圈及牽繩。
	飲食費	每個月約2千至5萬日圓		依犬種、年齡、體重、熱量計算等而異。
登記費及醫療費	登記費及醫療費	狂犬病疫苗及畜犬登記		一年接種一次（約3000日圓）
	混合疫苗	第一次約8千至1萬日圓		幼犬一般出生當年約3次，之後一年1次（也有一年3次的）
	絲蟲檢查	約3000至6000日圓		血液檢查。每年投藥前就診。
	絲蟲預防藥	1錠約800至1000日圓	1錠約4000日圓	依體重而異。蚊子盛行期（4月至12月，因地而異）每月1次
	跳蚤及壁虱驅蟲藥	3包約3500日圓	3包約8000日圓	4月至12月（因地而異）投藥

※大小便用的墊子等消耗品、零食、玩具及衣服等支出，視飼主而定。

保養費及臨時醫療費

		小型犬	大型犬	備　註
定期照顧	美容	1次約4千至1萬日圓（以費賓犬為例）	1次約3萬日圓	每個月1次至2次
	修剪爪子	1次約5000日圓		小型犬爪子不好剪短，不必特意修剪。
	擠肛門線	1次約1000至3000日圓		小型犬屁股的擠壓力弱，必須要幫牠擠肛門腺。
醫療費	結紮費用	公：2萬至3萬日圓左右		降低生殖器官系統的疾病。
		母：3萬至5萬日圓左右		
	疾病或受傷的治療費用	依治療內容及有無加入私人保險而異		購買寵物保險，就要繳保險費。

結紮手術費及疾病或事故的治療費也要預先估算進去。由於無國家醫療險，醫療的支出非常可觀。若購買私人保險，便有保險費的支出。

必要的準備　2

整理居家環境

依居家環境，決定狗要養在外面或室內。思考兩者的優缺點之後，再作準備。

養在哪裡好？

現今，公寓式住宅增加，許多人將狗養在室內。不過，有庭院的家庭可能會養在室外，若是住宅很密集，需留意「**狗吠**」的問題。只有少數的狗以吠叫為樂，狗多半是因是受到驚擾而不時警戒地吠叫，故拴養在室外的狗，不要拴在視野良好、**人來人往的街道旁**。不當看門犬，而是要當家人般飼養的寵物犬，則建議養在室內。

養在室內的注意事項

木頭地板雖然好整理，但缺點是容易滑倒，可以**在地板塗上犬用防滑蠟**。至於地毯，狗會用來磨爪子，請**避開圈式地毯（loop pile）**，選擇切開式地毯（cut pile）。不少養狗的家庭是選用可單片替換的併貼式地毯，也可以請教住宅業者，選什麼地板養狗比較適合。很多公司都有生產防滑、可抑制異味或容易清除口水等控污材質的地板。

透天式的住家，如果想讓愛犬也能在樓梯爬上爬下，就必須作好防滑措施。常見的狀況是無法下樓梯而在二樓大小便，或從樓梯摔下受傷，只要用心就能防範未然。

近來有不少住宅業者開發了適合養狗的地板與牆壁材質等，推出「與寵物共生的改裝」提案。

養在視野良好之處容易吠叫

養在面對街道的位置，狗容易發出叫聲。

對養在室外的狗而言，守護領土是很重要的工作。

養在室內與室外的比較

要時常考量狗的身心健康。

養在室外

- 地面的土質不會傷害狗的下半身
- 家人不易觀察狀況
  易受跳蚤・壁虱・蚊子叮咬
- 暴露在寒暑之下

養在室內

- 地板較滑（需設法改善）
- 家人陪伴在側，可早期發現疾病
- 在舒適溫度下生活（注意冷暖氣的溫度）

養在室外，但若無法自由行動，對狗而言並無解放感。狗是想和家人一起生活的動物，比起被拴在寬闊的庭院中，即使室內狹窄，還是待在家人身邊比較好。

必要的準備　3

和狗狗同住前的一些準備

為了迎接狗回家，要作各式各樣的準備。在愛犬習慣新的環境之前，必須記得採取「緩慢的變化」。

愛犬的生活必需品

首先要準備**狗屋（籠子或提籠）、圍欄、廁所**等。即使要養在室外，**在注射狂犬病疫苗前**，年紀尚小的幼犬也必須先養在室內。

如果已經有習慣的廁所，可準備相同的款式。在購買狗飼料及食器前，也可先諮詢尋求。如果是從寵物店購買的狗，常會連同食器一起買回。若是來自繁殖者或愛護動物團體，請對方告知什麼狗飼料比較好，或將吃剩的部分帶回去。在愛犬腸胃穩定前，**先餵牠慣吃的狗飼料**，觀察一陣子，再視情況慢慢替換其他食物會比較放心。如果是向行政機構認養，帶回家後就可以讓牠改吃品質較好的狗飼料。

記得不要漏掉的物品

大家很常忘了準備**啃咬玩具**。對幼犬而言，啃咬的物品尤其重要。愛犬若是向繁殖者或愛護動物團體認養而來，應該會告訴你「請準備這個玩具」按照對方說的備妥即可。

成犬一開始就要帶出去散步，請準備合於尺寸的**項圈和牽繩**。我常提建議飼主：「在習慣新家庭之前的一個月內，**幫愛犬套上兩條掛有防止走失名牌的項圈，連在家裡也不要拿下來。**」如此一來，萬一領養來的狗逃跑走失，找到的機率會比較高。

透過晶片卡（P.126）或是鑑札（注：類似狗身分證。日本規定在養狗的30天內，要至市公所登記，登記後可收到「鑑札」，類似狗牌，掛在項圈上）可立即連絡飼主。記得別上寫上名字和地址的防走失名牌。

飼養在室內

狗屋是狗睡覺之處，可根據居家環境，利用圍欄組合搭配使用。

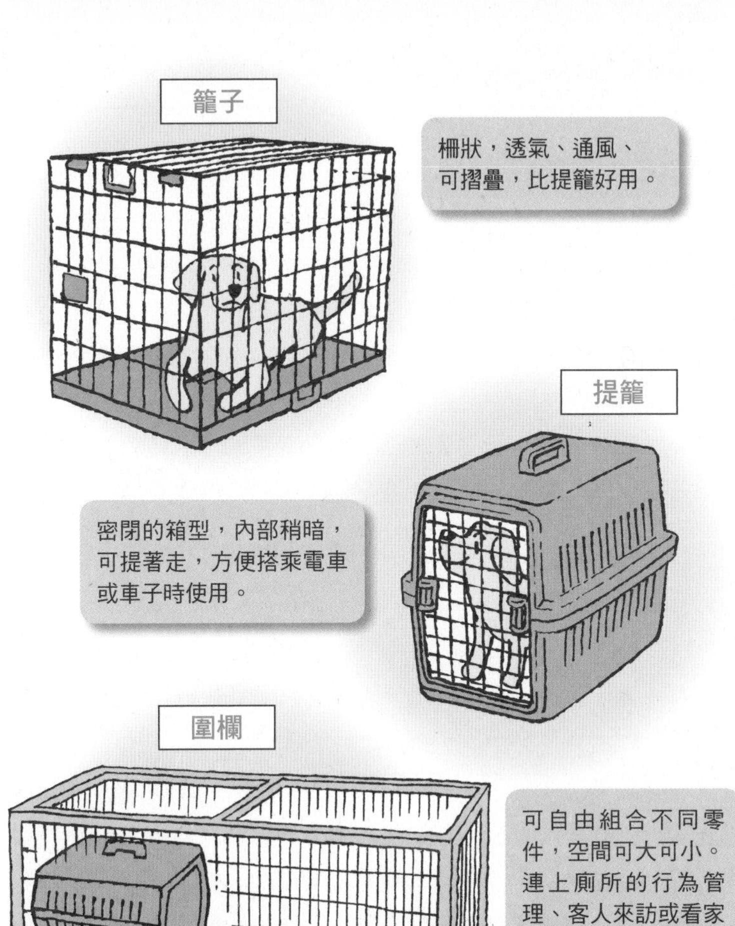

籠子或提籠的大小，以狗可以站立的高度或躺下的寬度即可。太大容易導致大小便失敗，中大型犬必須配合成長狀況更換。

必要的準備　4

找到好的家庭獸醫師

在和狗一起生活之前，若事先找好獸醫師或動物醫院就能比較安心。可以在住處附近探聽相關風評當作參考。

如何分辨好的獸醫師（動物醫院）

狗是有生命的生物，接回家的第一天因為環境變化，身體可能會出現狀況，為了預防萬一，請事先打聽好獸醫師或動物醫院。如果是在寵物店購買的狗，有時他們會介紹合作的醫院給你，但兩者之間可能會有廣告行銷的手法，最好還是**打探一下住家附近的醫院**，多作比較。

夜間也看診的醫院更令人放心。即使沒有夜間門診，如果**出現問題，也會提供應對措施的醫院**，也是可以信賴的。針對飼主的疑問，獸醫師能否善盡說明之責、價錢是否清楚合理等，也是分辨醫院好壞的重點。

要多留意醫院細節

動物醫院內除了獸醫師，還有看護師。如果兩者都很用心，對於病情的說明等**處置與風險管理**較為完善。如果兩者的意見分歧，則要多留意。尤其是工作人員頻頻更換，代表內部管理有問題。可以請教附近其他養狗的朋友，探聽風評。

有的狗很膽小，可在待診室或診察室準備一些牠喜歡的狗食、稍微和牠玩一下，**讓牠對醫院有好印象**。由獸醫師或看護師一起互動也會更有效果，若拒絕或因此嫌麻煩的醫院，還是避開為妙。

藉由食物讓狗習慣醫院的人或氣氛，也是狗社會化的一環。在先進的醫院，獸醫師都會鼓勵這樣的行為。

挑選動物醫院的重點

健康時先找好醫院，才不會在生病時驚慌失措。

離家近嗎？

因為緊急，儘量以住家附近的醫院為主。

如果遇到看診時間之外怎麼辦？

雖然無法24小時看診，但可否提供夜間看診的醫師或介紹當地的夜間急救醫院。

諮詢櫃檯
（有關醫療的充分說明）

以易懂的方式作說明，對於提問也能正確回答。

收費清楚嗎？

關於費用，至少要列出明細。

可以讓人感受到愛護狗的心意嗎？

從診察的樣子及言行舉止，可以判斷看診者是不是愛狗人士。看護師及工作人員的應對也應一併列入觀察。

環境乾不乾淨？

避開衛生管理不佳的醫院。

如果對醫院的衛生管理及醫師的言行等有所疑慮，不妨轉院你需要和家庭獸醫師長期相處，還是要找一間適合自己及愛犬的醫院。

必要的準備　5

迎接狗狗回家後，要先接種疫苗

當愛犬習慣新家後，帶牠到動物醫院接受健康檢查，並確認各種疫苗的接種時間。

首先要施打混合疫苗

一般將狗帶回家且適應後，要**帶去施打混合疫苗**。混合疫苗是為了預防高死亡率高感染症而接種的疫苗，因應感染症分成三、五、七、八種。幼犬首先要**由源頭確認接種的狀況**。

第一天帶愛犬去醫院就要打針，愛犬會覺得痛而對醫院沒有好感。請先在家觀察一週，再帶去**動物醫院作健康檢查**，進行「**醫院體驗**」。初診時帶著愛犬的**糞便（比較新的）**有助於檢查。並獸醫師討論，根據愛犬的月齡或人齡及身體狀況等，決定接種時間。

狂犬病疫苗及畜犬登記

狂犬病是可怕的疾病，不論是發病的犬隻或是被牠咬的人，死亡率幾乎達百分之百。所以**出生後91天的幼犬，一定要接種狂犬病疫苗**。

在日本，接種狂犬病疫苗後，可領到證明書，再拿著證明書到區公所辦理**畜犬登記**手續。狂犬病的預防接種，依各自治團體而異。每年4月至6月為「狂犬病疫苗注射月」，很多地區會在市民活動中心等舉行**團體接種**，東京等大都市基本上是在各動物醫院進行接種。其他郊區也有醫院全年都可接種，有的連畜犬登記都可一併辦理。請向家庭獸醫師確認。

團體接種較容易受到其他狗的緊張情緒影響，到醫院個別接種除了可充分確認愛犬的身體狀況，且能減輕壓力。

團體接種時吠叫的理由

幼犬團體接種時，當一隻狗哭叫，其他狗會跟著一起哭叫。

在狗聚集之處，緊張感會升高，變得太亢奮或覺得害怕。

剛開始飼養的狗，項圈尺寸不合會容易鬆脫。請注意狗會用力倒退來掙脫項圈而逃跑。

開始一起住　1

全家一起迎接狗狗

在迎接狗回家當天，最好是全員到齊。膽小一點的狗對於「後來再出現的人」會感到神經緊張。

第一天的印象很重要

和人類相比，狗的成長相當快速。出生後2個月至3個月的幼犬，已經不像嬰兒，比較像幼童。因此，**第一次到家裡的印象會變得十分強烈**。如果是已經社會化的狗，也許沒什麼問題，如果是比較神經質的狗就要多加注意。成犬受之前的成長環境影響，可能會有「比較喜歡女生或比較喜歡男生」的問題。

剛接觸陌生環境，狗狗難免會忐忑不安，幾天後好不容易才覺得「在這裡可以安心」，突然又冒出一個沒見過的人（例如在外地工作的父親），一邊說著：「好乖，好乖。」一邊觸摸自己時，會感到很害怕。雖然大部分的狗狗很快就會習慣，但也有數年都無法融入的情形。

留意狗是不是覺得害怕

如果是會主動靠近或飛奔過來的狗，請盡情的逗牠玩。反之，逃到角落、身體屈起、耳朵向後壓低、尾巴向內夾、身體顫抖，表示**牠在害怕**，要謹慎處理，可將牠抱在膝上好好安撫。

狗基本上**對於來自上方的東西皆抱持警戒心**，尤其幼犬還小，多半是待在地板上，對於來自上方的接觸有強烈的恐懼感。比起女生，男生體形高大，聲音低沉，較容易令狗感到害怕。

第一天不要使用食器，將食物放在每個家人的手上少量餵食，讓愛犬對大家留下好印象。

對後到的人抱持警戒

神經質的狗對於後到的人會有警戒心，而變得不願親近。

剛始的1天至3天

數日後，來了一個陌生人！

男生多半聲音低沉低，對狗而言接近「嗚」的警戒聲，容易因此變得緊張。

開始一起住　2

最初的五天陪在身旁

來到新環境而感到困惑不安的愛犬，不妨善用六日一連休的「快樂星期一」好好陪伴愛犬。

好好利用快樂星期一

才來到家裡沒多久，任何一隻狗都會感到**孤獨**，尤其是原本和手足在一起的幼犬，突然變成只剩下自己，會突然感到**寂寞**。因此，從接牠回家開始的頭幾天，請陪在牠身邊，儘量不要外出。

如果是雙薪家庭，可以先請個假，將工作安排好，利用約五天的時間**訓練狗上廁所**等。或者挑選周一是假日，再加上周六日的三天連休，將狗接回家。

不要讓狗變得討厭看家

一開始，幼犬會感到特別寂寞，低鳴、顫抖，只要察覺沒人在一旁，就立刻跑去找飼主。如果總是迎合陪著牠，有時會讓牠誤以為「只要一發抖就會有人來陪我」。

狗是想一直和家人在一起的動物，可是不同於以前的大家庭，現在的家庭，沒人在家是相當常見的事。對現代的狗而言，**看家**變成像是一種工作。若事先知道常會留狗單獨在家，為了不要「一開始陪伴牠五天，然後家裡突然變得空無一人」，可以從第一天就讓牠短暫獨處5分鐘至10分鐘，例如去曬衣服等，暫時從愛犬的眼前消失，數分鐘後再回來，再逐漸將時間拉長。

就原本的生態，狗是群居的動物，但因為適應力強，而慢慢習慣獨立看家。

理解寂寞的心情

在陌生的家庭覺得不安是理所當然的事。
請把牠當成家中新成員，讓牠安心。

寂寞訊號

- 低鳴
- 顫抖
- 飛奔到快從視線消失的飼主身旁

剛到家中前幾天，輪流教狗上廁所及看家，輕鬆度過共處的時光，讓愛犬理解新環境是個可以「安心」之處。

開始一起住　3

不要在資訊之間左右搖擺

剛開始和狗一起生活，會有很多不懂之處。適度逗牠玩、適度放任，不過分神經質。

「不要將牠從紙箱中放出來？」

如果是向寵物店買的狗，有的店家會連同紙箱一併交給客戶，並交待：「一周內讓牠待在紙箱，不要放出來」、「看不到四周，狗會比較穩定」、「跑出紙箱會生病」……結果買來沒多久就生病而帶回店家診療，反被質問：「是不是讓牠跑出紙箱？」、「是不是摸牠了？」責任變成在飼主身上。

要特別注意的是，將幼犬關在四周有紙箱遮蔽的暗處，會變成**社會化不足**、不習慣被人觸摸，長期關在箱子中**也會對視力造成不良影響**。尤其是幼犬，更需要**盡早接受刺激**，請讓牠自由探索房間，融入新的環境。

有關飲食的誤解

諸如茶杯貴賓犬（Teacup poodle）之類的小型犬，有些人會盲目地相信店家「需要時時調整狗飼料的份量，以免牠長得大太」的說詞。事實上，不要過分節制飲食，這種作法會造成愛犬**營養失調**或**罹患低血糖症**，阻礙牠健康發育。

也有不少人以公克來計算狗飼料的份量，雖然不是壞事，但即使是人，作很多運動與沒作運動的日子，食量也會不一樣。同理，狗飼料也應根據愛犬的狀況**斟酌調整**，同時別忘了**配合成長增加份量**。

茶杯貴賓犬是脫離犬種標準的狗，Teacup poodle不是正式的犬種名稱，而是一個俗稱。

試著換成人類的角度思考

把狗當成家中一員，設身處地為他著想。

一定要完全遵守包裝上記載的份量嗎？

就像盛飯時沒人會以克為單位，都是以自己的食量為準。

單獨留下看家是什麼心情？

關在上鎖的房間內幾個鐘頭的幼兒，心情應該也和幼犬一樣吧！

上廁所是第一優先

狗並沒有「在同一個地方大小便」的習慣。對家犬而言，最重要的莫過於上廁所的規矩，從帶回來的第一天就要開始訓練。

採取失敗較少的方法

有的狗在接回家之前，已經學會上廁所的規矩。但**狗的學習，一旦環境改變就需會重新教育**。儘量集中五天的時間照料愛犬適應新環境，從上廁所的位置（例如鋪上尿墊的圍欄）到「出去」、「進來」，請不斷反複的練習。善加誘導，愛犬可以在短期內確實記住。**方法則是越不會失敗越好**。一旦養成隨處大小便的習慣，要重新矯正是十分辛苦的。若老是失敗，愛犬也無法自由自在的在室內玩耍。

只要狗到固定的位置上廁所，立刻**給牠獎賞**，例如：口頭讚美、狗飼料、玩耍……等愛犬學會「**在廁所的位置大小便＝會有好事**」，就會養成習慣。

發現「通知訊號」

在大小便之前，狗會發出**各種訊號**。例如哼哼地嗅著地板的味道打轉、轉圈圈、或跳躍，請及早察覺這類「通知訊號」，每次只要牠發出訊號就帶去上廁所。

只是，發出訊號帶去上廁所時，幾乎大部分的狗都上不出來，因為便意或尿意暫時消失。如果急著把牠放出來，可能會大小便在外面。**先讓牠在裡面待著，只要牠上完廁所就稱讚牠，再將牠放出來**。一開始可以重複這些步驟讓牠慢慢熟悉。

狗基本上無法在不能叉開站穩的地方大小便。不想上廁所時，可以暫時把牠抱起來。

如何決定廁所的位置？

狗是憑「場所」、「味道」、「腳底」三種感覺
來決定大小便的位置。

即使已經養成大小便的規矩，當環境改變，還是要從頭教起。

何時容易解大小便？

評估愛犬容易解大小便的時間，帶牠去廁所。

飯後	亢奮後
喝水後	睡醒後

幼犬膀胱小，有時一天會尿十次以上。若次數太多，覺得擔心時可帶至動物醫院檢查。

開始一起住　5

狗狗也會夜鳴

在適應新環境的幾天內，愛犬可能會夜鳴，特別是覺得寂寞的幼犬。請理解牠的心情並適當安撫。

夜鳴的原因？

夜深人靜時感到寂寞的狗，有時會**夜鳴**。尤其是在繁殖者的犬舍中和父母及手足一起飼育的幼犬，在此之前都沒有獨處的經驗，難免會寂寞。若是和手足一起睡覺，大概只有想上廁所時會夜鳴，卻很少見到因寂寞而夜鳴的幼犬。

給牠陪伴的感覺

提醒您，不要輪流到愛犬睡覺之處，對著夜鳴的牠說「安靜」，否則牠會開始覺得「**只要一叫，就會有人來**」，反而不願意停止夜鳴。為避免養成過度撒嬌的習慣，先暫時忍耐放著不管，牠安靜時，再偷偷觀察一下狀況。

建議接狗回家的頭幾天，將籠子拿到寢室，或是組合圍欄，讓牠睡在飼主的旁邊。若狗是睡在客廳，**飼主可以在旁邊鋪個被子**，陪牠一起睡。有人陪伴，應該就不會有夜鳴的問題。等到愛犬適應新環境，再慢慢拉開距離。如同我們的孩子，在讓他一個人睡兒童房之前，**父母有必要先陪睡一段時間**。狗也是一樣的道理。請在睡前和牠稍微玩耍一陣子，適度**消耗精力**，玩累後較容易睡著。

精力充沛的狗，在寢室會因想玩耍而鳴叫，此時可以在牠的床上放些玩具。

為何會反覆夜鳴？

不要一叫就過去，一開始先讓牠睡在旁邊。

狗狗喜歡的事　1

儘早建立感情

要和狗建立感情，瞭解牠喜歡什麼、討厭什麼，怎麼作會讓牠有好心情，這些都是重點。

出於愛意但對狗而言是不禮貌的打招呼方式

狗和人習性不同。向牠靠近並微笑的對著牠打招呼，並不是用在所有狗的身上都行得通。

基本上，**不直視對方的眼睛**是狗之間打招呼的特徵，強烈的視線接觸，是一種敵意的表現。也因為這個習性，當陌生人直盯著自己，對狗而言形同「不友善的瞪視」，是很不禮貌的問候方式。一邊大喊「好可愛喲！」一邊朝牠跑過去、從上方伸出手使勁的撫摸牠的頭及身體、粗魯地用力緊抱等，類似的行為都會讓狗心生恐懼並記住這種感覺，變得過分亢奮，一定要盡量避免。對於初來乍到的成員，**飼主的用心程度**，是決定能否和愛犬建立好感情的關鍵。

成為「瞭解自家狗兒的專家」

狗有自己的個性。有的很友善，對任何人都能很快打破隔閡；有的很害羞或膽怯，擁有自己的步調，只會對主動溫和接近牠的人親切。剛成為家中的一員，彼此會有一段觀望期。飼主不妨**仔細觀察**愛犬的反應，**從中找出牠的喜惡**。

建立好感情的訣竅在於，**對愛犬抱持著同理心**。避開會讓牠感到不安或害怕的「不喜歡的事」，作很多讓牠心情愉快的「喜歡的事」，很快就能建立親近感。

狗之間的問候方式不是目視對方，而是嗅聞彼此的屁股或臉頰旁等氣味分泌腺（臭腺）集中的部位。

找出愛犬的喜惡

找出愛犬喜歡的事物，作些讓牠高興的事。

家人的助力

- 看著牠
- 和牠說話
- 一起玩
- 心情愉快的觸摸

玩具

- 多試幾種
- 不要丟給牠自己玩
- 想辦法別讓牠玩膩了

吃的東西

- 餵食各種食材，
  從中找到愛犬愛吃的食物。

※會引起中毒的食物或加工製品要特別注意。

狗狗喜歡的事　2

喜歡或討厭他人碰觸的部位

就習性而言，狗並不習慣被碰觸。但基於身體的清理保養，要讓愛犬慢慢習慣家人的撫摸。

讓狗記住觸摸是愉快的事

應該有不少人是為了想要撫摸或懷抱狗，藉此尋求療癒才開始飼養的。狗沒有以前腳去撫摸同伴的頭或互相擁抱的習性。也就是說，「觸摸」是**牠們與人類特有的連結**。

因此，飼主如果沒有從幼犬階段就建立「與人碰觸＝愉快」的觀念，會養育出無法接受觸摸的狗。只有在「**飼主的手是舒服的**」這個基礎下，狗才會高興地接受撫摸。

剛開始不要太激烈，先觀察一下反應

母犬會舔幼犬的身體，一來是幫牠清潔全身，二來是催促牠大小便。在母犬的舔舐及手足間親密的輕咬等刺激下，幼犬的神經細胞變得越來越發達。

接受人類雙手的撫摸，對幼犬而言是一種**新刺激**，大部分的幼犬也會磨蹭人的手，此時若強行撫摸或將牠壓住，愛犬會覺得「**人類的手＝討厭的東西、可怕的東西」**。請在牠靠近時，先不要有太大反應，將愛犬抱在膝上輕柔撫摸，慢慢讓牠習慣。尤其是耳朵、尾巴、口、鼻、腳尖等較敏感的**末端部位**，突然被抓住，許多幼犬會受不了。輕摸愛犬，觀察牠喜歡或討厭被觸摸的部位，逐漸進展到全身都能觸摸的程度。

關於習慣觸摸的方式，有個別的差異。但有一個共通點，那就是「不要使用強硬的手段」。

先採取輕柔觸摸，觀察喜惡反應

冷不防地用力碰觸，有的狗會變得不喜歡人的手。

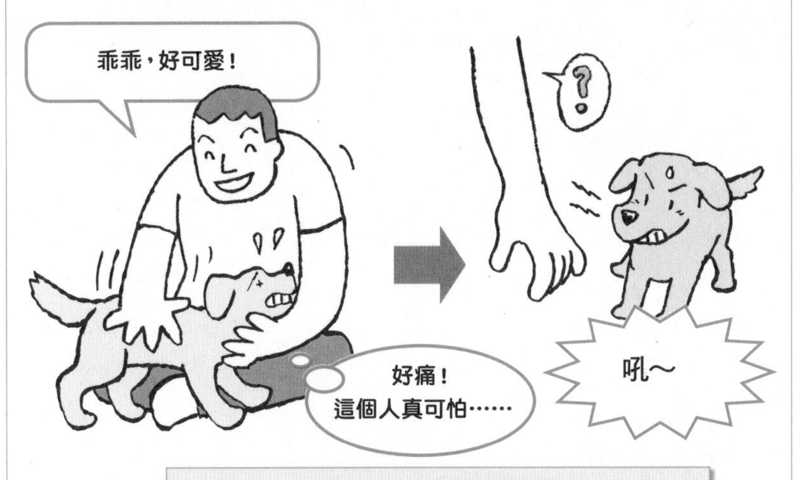

愛犬和飼主都不快樂！

愛犬和飼主都很幸福！

高興被撫摸的部位

→狗無法自行清理的耳後、脖子四周、腹部、尾巴與身體連接處、腹部兩側等。

※不太能碰觸的部位！

敏感的末端部位

→耳朵、尾巴＝向對方傳達感情的部位
嘴巴＝吃東西的重要部位
鼻＝嗅味道的重要部位
腳＝逃跑的重要部位

狗狗的訊號　1

解讀肢體語言

狗和人是本能與習性都不一樣的生物。對愛犬的肢體語言（＝犬語）瞭解得越深，越能與牠建立緊密的連繫。

全球共通的犬語

人類主要是藉由嘴巴發出聲音來傳遞情緒與感情，狗雖然也會吠叫或低鳴，但牠們溝通的方式多半是使用動作或表情等**肢體語言**。

身體的肢體語言是世界通用，所以「犬語」也是無國界的。只是對狗而言容易使用的犬語不太一樣，例如有的常「以腳搔頭」（P.83），有的常「舔鼻子」（P.83）等，如人類有人使用方言，有人慣用某種方式講話。試著理解愛犬的情緒或心情，關鍵在**解讀牠使用的犬語並加以應用**。

犬和人的溝通方式不同

以會話來表達意思的人類，是透過聲音來聽取資訊，以聽覺進行交流。使用肢體語言的狗，基本上則是以**視覺**進行交流。

不只聽覺與嗅覺，狗的**視力也相當好**。例如在看不到飼主時，狗不會一開始就用嗅覺尋找，都通都是先以眼睛四處搜尋、聽聲音，最後才開始聞味道。基本上是看、聞；看、聽；看、接近的動作。另外，**狗的動態視力佳**，對移動的物體特別敏銳，所以擅長辨識「尾巴是怎麼在動的？」、「眼神如何？」、「耳朵作了什麼動作？」等細微的動作。

以手勢要狗坐下或以聲音指示牠趴下，幾乎所有的狗都會選擇眼睛看到的情報而坐下來。

狗以身體進行對話

狗不用語言，而是以身體動作的變化及表情，
將自己的意思傳達給對方。

說話
＝聽覺的溝通

看
＝視覺的溝通

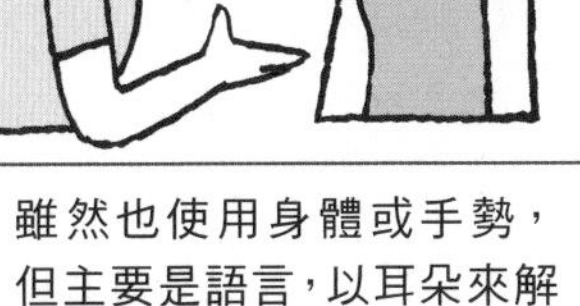

雖然也使用身體或手勢，但主要是語言，以耳朵來解讀。

也會吠叫或低鳴，但主要是以動作及表情表達，以眼睛來解讀。

野生犬科動物的特徵

生存於弱肉強食世界中的野生動物，身體某些部位會有**黑色的滾邊**，目的是想讓肢體語言表現更為明顯，讓對方容易理解自己欲傳達的情感，防止因誤解而出現不必要的紛爭。

狗狗的訊號　2

需要先掌握意思的犬語

瞭解狗的肢體語言，即可解讀狗狗是放鬆還是緊張，並進一步應用犬語來掌握愛犬的好惡。

細心觀察愛犬是理解牠的第一步

要解讀犬語，不能只是「看」，必須要「**觀察**」。「那隻西伯利亞哈士奇真的好可愛。」這是看，所謂的觀察是「那隻西伯利亞哈士奇的尾巴夾到腹部下方、耳朵向後翻」**注意到狗身體各部位的變化與不同狀況下的動作**。

肢體語言最常以耳朵、眼睛、鼻頭（嘴尖）、背上的毛、姿勢等來表示。首先瞭解狗的正常狀態，記住身體各部位的細微動作。習慣各部位的狀態後，再**合併觀察整體的樣子與狗所處的環境**，就能判斷出狗目前的情緒狀態。

是放鬆還是緊張？

容易透過肢體語言瞭解的是放鬆或緊張的狀態。放鬆時全身舒緩、嘴巴附近的肌肉放鬆、耳朵平放。反之，緊張時會如右圖所示，出現攻擊、害怕（防禦）、服從的反應。

狗很少會率先展開攻擊，當反覆表現出攻擊、防禦的警告性肢體語言仍無效後，才會轉而展開攻擊。

常有人苦惱「愛犬突然就叫了起來」，其實是忽略了牠們**先發出某種訊號**，然後才開始吠叫。由於有的狗發出的訊號長，有的短，請成為善於觀察的飼主，消除愛犬的不安與緊張，好好守護牠。

立耳的狗可以明顯看出耳朵的動作；垂耳的狗，仔細觀察，也可以看出耳根向前或向後拉。

基本的肢體語言

先瞭解有哪些基本的肢體語言，再觀察愛犬正發出什麼訊號。

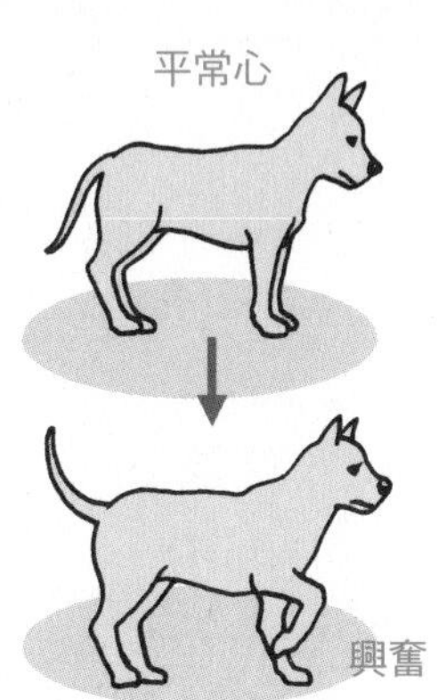

想玩耍時常作出的姿勢。

進入警戒狀態的姿勢。

只有在由自己發動攻擊時才有的姿勢。

被動服從時的姿勢。

服從姿勢再進化。但此姿勢未必代表「服從」(P.88)。

感到害怕，進入防禦狀態時的姿勢（被逼急而轉為攻擊）。

狗狗的訊號　3

安撫訊號

當狗感到不安或緊張時，會使用稱為「安撫訊號」的犬語。不只同類，也會對人發出這種訊號。

什麼時候會發出訊號？

由英文calm down發展出的用語**calming signal（安撫訊號）**，是帶有「冷靜」、「安撫」意思的訊號。英國動物行為學家麥可・福克斯（Michael W. Fox）曾發表狼有所謂的cut off sdignal（阻斷攻擊訊號），而後挪威的圖蕊・魯格斯（Turid Rugaas）在訓練狗時發現，牠們會在同類之間發出細小訊號，系統化後取名calming signal。

安撫訊號，與其說是阻斷對方的攻擊，不如說**是安撫亢奮的對方或緊張的自己要冷靜下來的對話**。換成人類的用語，則是「我們稍微冷靜一下」的感覺。當對方捕捉到這個訊號，若彼此的情緒都能趨於緩和，即可**避免對立**。

不要直視目光的斥責

當我們在罵人時，會說「看著我的眼睛，好好道歉！」等，硬要對方與你四目相接，但請不要將這種作法套用在責罵狗時。狗在亢奮狀態下轉頭避開飼主的目光，是告訴飼主自己並沒有敵意，傳達「不要太亢奮，可以冷靜下來嗎？」的意思，**希望不要產生紛爭**。請理解愛犬的心情，不要站在人類的觀點，而是站在愛犬的角度去理解牠。

表情變化不明顯的黑狗，經常以容易了解的「舌頭舔鼻子」來傳達安撫訊號。

代表性的安撫訊號

目前可歸納出三十多種。

狗狗的訊號　4

不要漏掉壓力訊號

處在強大壓力下的狗會發出各種訊號。請注意愛犬的警告，避開可能的麻煩。

這是警告訊號！

安撫訊號是在避免不必要的對立時使用。狗之間會以傳球的感覺傳遞這樣的訊息。發出這種訊號的狗雖處於緊張與不安的狀態，但還在牠可以處理的範圍內。

需特別注意的是**壓力訊號**。當狗處於高度壓力下，也會**以身體語言來表達這樣的情緒**，代表事態已經超出牠可以掌控的範圍。飼主一旦察覺愛犬的異常狀況，要找出原因並加以排除，讓愛犬脫離不安的情緒，儘速處理。

一出現問題就將壓力排除

當愛犬開始感到壓力，會對一切出現**過度反應**。平常情緒穩定的狗變得**焦慮不安**，總是很安靜的狗開始**狂叫**，此時要趕緊查看有沒有出現氣喘、眼睛充血、瞳孔放大、肌肉僵硬、毛孔收縮，或是大量掉毛及皮垢等狀況，再小的訊號都不能輕忽。

在動物醫院的看診檯上，許多狗都會出現很大的壓力。為了避免這種問題，飼主平時就要想一些辦法讓愛犬對醫院產生好感。當日常生活中出現壓力訊號時，也要找出原因加以排除。千萬別讓愛犬蓄積壓力。

有人一緊張就會想要上廁所，狗感到強大壓力時，排泄的次數也會增加，以排泄來換取安心感。

各種壓力訊號

掌握愛犬感到壓力時的特徵。

氣喘

眉間和嘴角出現皺褶

肌肉僵硬、皮垢與毛大量掉落

心跳加快

除上述之外，常見的壓力訊號還有——

- 眼睛充血
- 噓氣
- 排泄次數增加
- 體臭及口臭變嚴重
- 瞳孔放大
- 焦躁的動來動去
- 肉球被汗浸濕
- 沒有食欲

社會化與身體語言

和人類相同，狗天生就擁有語言能力。但根據飼育環境不同，有的狗並不擅長使用犬語。

在社會化期與手足一起學習犬語

狗在出生後的兩週內，稱為「**幼兒期**」。這時期的幼犬眼睛與耳朵都還沒開，只能嗅聞到味道。若是把和從母犬或手足分開，牠會頻頻打哈欠（P.83），所以安撫訊號被認為是與生俱來的。

出生後週二至三週後的七天是「**過渡期**」，眼睛和耳朵會打開，成長開始出現極大的變化。到了第十二週，研究者指出至十六週前，稱為「**社會化期**」或「**感受性期**」，此一週齡的幼犬開始向手足學習許多的犬語。

不會使用犬語的狗增加中

在社會化的早期階段，將幼犬與手足分開，會讓牠**失去學習犬語的機會**。出生後天30至40天就被賣掉的幼犬，在無法學習犬語的環境下成長，而有社會化不足的傾向，無法解讀來自對方的安撫訊號、作出如攻擊行為或以身體衝撞猛撲等，這種**不擅長溝通與交流的狗**正在增加中。

假使受到這種無法預測的攻擊，連能夠正常使用犬語的狗也會變得不信任其他的狗。

若主人無法教授犬語，建議帶去**幼犬教室**，在這裡可以和同伴交流，可以讓愛犬記住打招呼及玩耍的方式。

在社會化期，「這是什麼」的好奇心會比「害怕」的感覺先出現，是讓幼犬習慣各種事物的當重要時期。

和狗交流時的注意事項

飼主有時會在不知不覺中剝奪了愛犬的犬語，請留意！

飼主叫喚在狗欄中玩耍的狗回來，當狗沒有馬上過來時就生氣，語氣也跟著變差。

狗察覺飼主生氣、激動時，為了安撫飼主，會使用畫圓走路、嗅著地面味道等犬語。

但是，飼主以為狗是在玩，變得更生氣。

狗慢慢回到飼主身邊，被飼主大聲責罵。

當連續幾次使用犬語安撫飼主的情緒，卻完全不被理解，之後狗就不再使用這個犬語了。

易遭誤解的犬語

犬語是使用動作或表情來傳達意思，其中有一些容易被人類誤解，也有些是因外表而不容易讀懂牠們的犬語。

讓人看腹部是表示投降？

解讀犬語，不能只看片面，**必須根據整體的樣子及狗所處的環境作判斷**。搖尾巴不一定是高興的表現，在「搖尾巴＝亢奮」的訊號中，依高度及揮動的速度，可再細分成是高興、不安，還是緊張，有時是代表對人抱持警戒心，所以不要以為狗搖巴就是表示安全。

另一個容易被誤解的肢體語言是腹部朝上的姿勢（P.81）。為避免發生紛爭，弱勢的一方會將腹部朝上傳達「我不會抗拒」、「對不起」等意思，制止強勢對手展開攻擊。一般被當成「服從」的姿勢，其實還有「**和我玩**」的意思。特別是希望飼主逗弄牠或撫摸牠時，會在眼前翻過身。安心睡覺時也會仰躺，腹部朝上。

犬語不易被讀懂的品種

經由人為配種而製造出來的品種，有的耳朵下垂、尾巴被剪掉（P.170）、毛很捲使得眼睛或身體的線條不明顯，例如玩具貴賓犬（P.17），牠們的肢體語言就不容易看懂。這些因外表而遭誤解的犬種，會以某些動作或表情作為彌補來表現牠們的情緒。**仔細觀察**，慢慢就能找出愛犬的習性。

有的狗無法善用犬語，變得內向而羞怯。但只要能和飼主一起快樂生活，並不需要特別介意。

壓制斥責是很危險的！

絕對不是腹部朝上就等於服從。

壓制翻身（alpha roll，或稱老大翻身法）是將狗翻身成四腳朝天的訓練紀律方法。但不可貿然將把牠翻過來，因為狗不明白發生了什麼事，曾出現不少飼主被咬的例子。

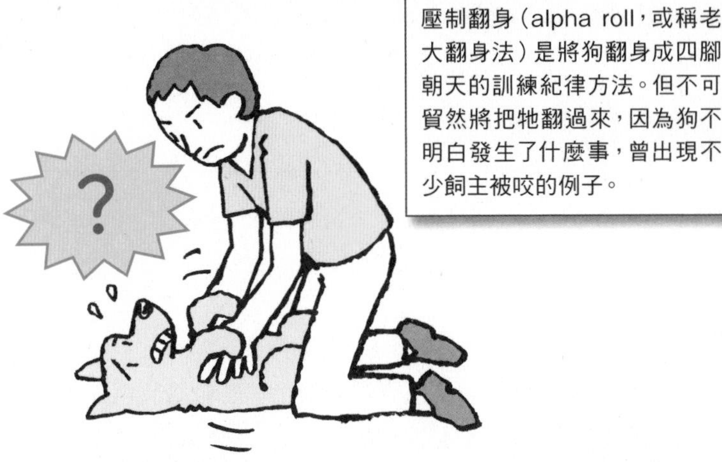

這種時候肚子也會朝上

狗非常喜歡發臭的東西。想要摩蹭異味時，也會翻身滾動。

腐壞的魚、死老鼠及動物的糞便等充滿異味的物品，對狗而言是香水。牠會將肚子朝上翻滾，讓身體沾上這些味道。一般認為是狩獵的野生時期留下的習性。

身體沾上這些味道，
總覺得心情穩定多了。

狗狗喜歡的遊戲

遊戲可以增進愛犬與主人之間的交流。試著透過各式各樣的遊戲，找出「自家狗兒喜歡的遊戲」。

和主人一起同樂，散發能量

許多家犬平日無所事事，容易導致運動量不足，而「吠叫」、「嘶咬」等本能在日常生活中又幾乎遭到禁止，因此能在短時間使狗興奮且消耗體力的遊戲，便成為效率很高的運動，而且是**讓愛犬宣洩行動欲的絕佳機會**。

說到遊戲，很容易只想到玩具，其實飼主花點心思，就能和愛犬嘗試各式各樣玩法，甚至可順道**進行「坐下」等教養訓練動作，對狗而言「可以吃到好吃的，又能快樂玩耍」**是一舉兩得的事。

釋放愛犬的潛能

狗本來就是以獵捕食物為生，其本能由「發現」、「追趕」、「咬住」、「壓倒」一連串狩獵組成。這個**驅動模式（motor patterns）**依犬種而異，例如為避免負責看守羊的牧羊犬把羊吃掉，所以將作為牧羊犬的犬種改良成「追趕」後，就會停止驅動的模式。

如果能瞭解家中狗基於狩獵、畜牧或其他目的而培育的犬種，**瞭解其原本的特徵，自然就可以知道牠偏好的遊戲類型**。有的是喜歡會運用嗅覺和視覺的「躲貓貓」、有的很會玩追球的「你丟我撿」遊戲、有的則熱中於「拉扯」遊戲，配合愛犬的個性，試著變化一些有趣的遊戲。

狗比想像中更不喜歡獨自玩耍，飼主不要只丟玩具給牠，最重要的是互動式玩耍，即使時間短暫也有其助益。

運用「發現」能力的遊戲

運用視覺與嗅覺的「搜尋」或「益智」類遊戲，
可以給頭腦很好的刺激。

尋寶

讓愛犬看一看並嗅一嗅藏著狗飼料的玩具，然後當面藏到布下面，讓牠去找，找到後就稱讚牠「找到了，好棒！」。

習慣後，再藏在愛犬看不到之處，讓牠僅憑嗅覺去找。

躲貓貓

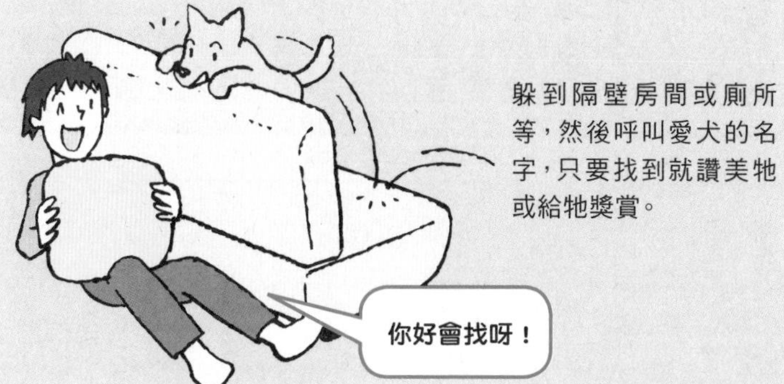

躲到隔壁房間或廁所等，然後呼叫愛犬的名字，只要找到就讚美牠或給牠獎賞。

常聽人說「我家狗兒不愛玩遊戲」，細究下絕大多數都是平常就沒有和牠玩各種遊戲。在無聊的生活中，想些好玩的遊戲和愛犬同樂吧！

狗狗喜歡的玩具

準備和飼主一起玩的玩具及愛犬自娛的啃咬玩具，花點心思作變化，讓狗狗百玩不膩。

和飼主一起玩的玩具

面對布偶、結繩、球等各式各樣的玩具，好奇心強的狗也許什麼都好，性情比較膽怯的就要多注意，突然拋出會發出聲音或會動的玩具，牠會受到驚嚇而不敢靠近。因此，第一次拿出玩具時，**先靜靜放在愛犬前面，讓牠嗅聞味道**。

由於這類玩具**有可能被狗咬碎吞入**，請務必要在**有人看守的情況下**玩耍。飼主拿出玩具來誘導狗玩遊戲，玩畢要把玩具收好。

舒解啃咬欲的玩具

熱中啃咬、愛惡作劇、常看家……這類型的狗特別幫牠準備**啃咬玩具**。可以試試看市面上販售、散發牛皮和豬耳等狗喜歡的味道或氣味的橡膠玩具。與其啃咬沒有味道的桌腳而挨飼主罵，有味道的橡膠玩具咬起來更開心。利用漏食玩具（裡面塞食物的益智玩具，又稱滾食不倒翁、抗憂鬱玩具等）變化塞入的零食，也可以讓獨自看家的狗抒發無聊的情緒。以頭、身體及下顎努力取出裡面的零食，既有趣且能讓狗一直玩到疲累。玩累了也就不會那麼愛惡作劇、亂啃咬家具了。

絕大多數的狗對玩具都會喜新厭舊，不如一口氣準備約**十種**，**輪流組合**，每隔幾小時就幫牠替換。

打算要丟掉的舊玩具，可以先給愛犬盡情玩個夠，讓牠體驗一下破壞遊戲也很不錯。

不同玩法的玩具

不要只是丟給牠玩，飼主也可以下點功夫作變化。

一起玩的玩具　犬用布偶與球等。

會有咬破吞入之的玩具，平時要收進玩具箱，要玩時再拿出來。

不要拿舊拖鞋等當玩具

→狗分不表清楚新舊。

→會將類似的東西也當成玩具。

可以玩尋寶或拉扯／拔河等遊戲。稍微用心變化，狗才不會玩膩。

啃咬玩具　橡膠類、結繩玩具、漏食玩具

避開容易吞食的玩具。啃咬力道強的狗，即使是小型犬，也可給牠中大型犬用的玩具。

看家時獨自玩耍的玩具，也可當啃咬玩具。多準備幾種，再輪流更換避免玩膩。太硬的橡膠可以泡一下熱水，調整成好啃咬的軟硬度。

和狗狗玩遊戲　3

建立遊戲規則

愛犬在玩遊戲時若變得過度興奮，要適度讓牠冷靜。教會牠遵守飼主定下的規則玩耍很重要。

在玩膩前停止

遊戲的主導權在飼主手上。只要愛犬纏著要一起玩，飼主就陪牠玩，會讓牠以為「耍賴一下就有得玩」，養成一有空就要求玩耍的壞習慣。飼主可安排好陪牠玩的時間，若有困難**短暫玩一下也好**，或反覆丟零食，邊玩邊練習「過來」的指令。

拉扯／拔河等**勝負遊戲，可以設定在五五波左右**。每次都輸，愛犬玩起來也會覺得無聊。有時可讓牠將銜在口中的玩具拉扯到快破裂為止，以此發洩精力或壓力。

遊戲時間沒有一定的長短，依狗的集中力與體力而定，觀察一下**愛犬的疲累狀態再作調整**即可。精力旺盛的狗怎麼玩都不會膩，當牠「**還想再玩一下**」時就停下不要再玩。與其每一次都玩道盡興，不如讓狗保持「想要一起玩！」的新鮮感。

人的手容易被當成玩具

遊戲時請不要將自己的手被誤當成玩具。充滿好奇心的幼犬，以啃咬來滿足對於事物的探究。太早離開手足，沒有好好學會「控制力道」的幼犬，尤其要更加注意。隨意揮動的手，容易引起幼犬的興趣，可能會突然被咬一口。不要以手來戲弄狗。萬一被咬了，要說「好痛」並**停止遊戲**。

和幼犬玩遊戲時，不要以手拿著玩具，把玩具綁在長帶子或長繩上。這樣幼犬只會咬繩子較為安全。

教愛玩拉扯拔遊戲的狗ON與OFF！

事先訂定規則控制愛犬的興奮度，就能盡興的玩拉扯遊戲。

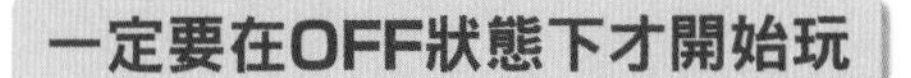

一定要在OFF狀態下才開始玩

當愛犬看到玩具吠叫及活蹦亂跳時，先不要和牠玩，等牠自己停下來，作出「OK！」的信號後再開始玩！

如果我一開始不安靜，
就不跟我玩了。

來玩拉扯遊戲吧！

興奮的處於ON狀態

當愛犬咬住玩具時，適度出力拉回來，再稍微抖動。發揮狩獵本能的愛犬會高興的越來越興奮，有時還發出低吼聲。

吼！吼！
（情緒高漲）

回到OFF狀態

不斷吼叫，變得太過亢奮時，對愛犬下達放開口中玩具的指示（事先讓牠記住放開咬住東西的指令）。要再開始玩時，飼主作出許可的信號再開始。

這時候放開玩具
就會受到稱讚。

放開！
好孩子。

在室內遊戲

家犬大部分時間都是在室內玩耍。飼主要特別注意，地板不要太滑或發出噪音。

遊戲以安全至上

在玩啃咬或拉扯遊戲時，地板若太滑，抓地力不足會導致愛犬的下半身會疼痛。木地板請先鋪上地毯等，讓狗能安心在上面玩耍。

若住處是公寓，要先確認聲音會不會造成樓下住戶的困擾後，才開始玩。橡膠類玩具，比在地板轉動時會發出極大聲響的**塑膠玩具**來得合適。若是愛犬喜歡將咬在口中的東西拋到遠處，可以繩子等將玩具固定在某處，較不會亂丟。

討厭被強迫一起玩

狗幾乎都很喜歡玩遊戲，只要飼主邀約就會開心的迎合。但是，當想睡覺、身體不舒服，或已經玩膩了，可能會出現困惑表情。愛犬也是活的生物，不可能一直都生氣勃勃。

強迫牠玩不喜歡的玩具，或看家時老是給牠同樣的玩具，對愛犬而言，「**這樣的玩具＝討厭**」，若是一看到就顫抖、吠叫或咬飼主，就要多注意。一成不變的玩具很容易玩膩，進而引發這類問題，請務必留意。**玩具是消耗品**，不妨多買幾種回來玩，或變換玩法，引起狗的興趣。

散步時喜歡拉扯牽繩的狗，在出門前可以先和牠認真玩一下牠最喜歡的玩具，散步時就會輕鬆一點。

快樂玩遊戲的訣竅

對狗而言，玩具就和獵物一樣，遊戲時請理解這一點。

將玩具當成活的東西移動

抓著線，讓狗跟著玩具移動。或稍微搖晃等，加上變化。

下達「放開」等指示，教狗放開玩具

方法1

把玩具放在身體旁不要動
（彷彿獵物死掉般的狀態）

方法2

讓狗記住會以點心或其他玩具交換牠放開玩具

當愛犬放開玩具的轉瞬間發出「放開」的聲音，當成指示的語言。

在室外遊戲

有大片空間可以隨心所欲的活動，是室外遊戲的一大魅力。檢視周圍環境，注意安全後，就可以悠然自得地玩耍。

在戶外就可以自由奔跑

為了讓狗充滿活力，有必要讓牠在戶外適度運動。尤其是約三歲前的精力充沛幼犬及年輕犬，請經常帶到戶外伸展玩耍，轉換心情。就算是在室內，也可以巧妙利用直線空間，讓狗輕鬆慢跑。不過要盡情奔跑，戶外空間當然還是最好的。

在戶外時，可能會玩得太過投入，不慎碰撞到周遭的人而發生意外。因此，飼主務必**為愛犬繫上牽繩，或帶到狗公園（dog run）活動**，這些是**很重要的管理工作**。當愛犬獲得自由而奔跑，亢奮度不斷升高時，要**視狀況讓牠適時休息冷靜**。

挑選遊戲場和遊戲道具

透過遊戲活動身體，是有益健康的事。但像接飛盤這類向空中躍起的遊戲，如果是在水泥地上玩，狗每跳躍一次，對身體都是一種負擔，最好是選擇**土質地面**。接飛盤若不是為了比賽，只是好玩，就不要選擇容易磨損牙齒的塑膠製圓盤，建議挑選一些布或尼龍等柔軟易咬材質的飛盤。在砂地玩球時，**每次投球前都要將球擦一擦**，以免砂子傷害愛犬牙齒的琺瑯質。狗的壽命變得越來越長，為了維護的牙齒健康，必須從年輕就開始保養。

有的狗很擅長接飛盤或球，總是玩不膩。就算受傷還是不肯停下來，必須多注意。

一邊觀察愛犬的狀況，一邊遊戲

運動量大時，要調整節奏遊戲。

過度興奮時

注意不要過度奔跑！不時發出「坐下」信號，把愛犬叫回來休息。

玩膩了時……

最好在愛犬玩膩之前，先由飼主打住。請仔細觀察什麼狀況下就代表愛犬已經厭倦了。

享受散步　1

每天散步的原因？

狗聞東聞西、來回走動，接受外在刺激。重要的散步習慣，為愛犬的日常生活帶來活力，也加深與飼主的牽絆。

任何狗都需要「散步」時間！

散步最重要的是保持心情愉快。不是亦步亦趨跟著飼主，而是如字義所顯示，閒散的步行，**為愛犬建立一段一邊漫步，一邊和附近的狗及鄰人接觸的時光。**光吃不動會發胖，要四處走走、適度運動才行。

有的小型犬會被放在推車內或籃子裡帶著走，雖然是外出透氣，卻稱不上散步。

盛夏或嚴冬可以不出門，但不要因此中斷散步的習慣，**每隻狗「都應該去散步」**。有人會讓寵物保母帶愛犬去散步，但在能力範圍內，飼主應儘量親力而為。散步是**飼主和愛犬的共同課題**。一起走走別具意義，愛犬在享受之餘，也學習對飼主的信賴等各種事情。

「不喜歡散步」的狗心情

也有狗害怕散步，原因大部分出自於**社會化不足**。在接種完疫苗前不能外出，如同一個人在國中畢業前的年紀都被關在家中的狀態。請注意，不要將這樣的幼犬突然帶到外面，在牠的心理上埋下恐懼感。請理解愛犬的情緒，**花點心思讓牠能愉快出門**。第一次外出散步，先抱著牠到附近四處看看，或請認識的人給牠零食等，若事先作好準備，可幫助愛犬更快適應外出散步。

雖然在接種完疫苗前，避免讓愛犬落地或與其他狗接觸，但還是可以為牠建立與外面世界的連接點。

散步有三層意義

散步對愛犬的頭腦、身體、心理三方面
都能給予平衡的良好刺激。

1. 動腦！
2. 勞累其身體！
3. 心理獲得滿足！

讓愛犬找回犬的感覺，
是很珍貴的時間。

幼犬從「被抱著散步」到「自己走去散步」

即使接種完疫苗，也暫時先抱著外出散步，
讓牠逐步熟悉外面的世界。

我會好好守護你，不要害怕，
很安全的。

散步＝一直走？

……飼主常會這麼想。

還不習慣接受刺激的狗，有的面對人群及車子會害怕，變得討厭在外面自己走路。而成犬也可能在社會化不足的情況下成長而變得內向。

**飼主的這些行為
容易讓愛犬
不喜歡散步**

在習慣以前……

在附近公園或人少的道路放下狗，隨牠高興走個10分鐘至20分鐘，然後再抱著牠回家。

都還沒習慣就……

- 一開始就要牠從家門開始走。
- 在車道旁放牠下來。
- 使勁拉著害怕散步的狗牽繩強迫走路。

享受散步　2

外出散步的時間

只是外出散步，都能讓狗感到幸福。依家庭狀況、愛犬的個性及體力等條件，愉快的享受散步的樂趣吧！

散步時間依循「自家的規定」即可

關於散步的長度、時間、次數，一般常見的標準是小型犬一天約30分鐘，大型犬1小時，早晚各兩次。也有一天散步3小時完全不覺得累的吉娃娃，或是20分鐘就夠長的黃金獵犬。因此，不必拘泥於小型犬時間短、大型犬時間長的說法。愛犬適合多久的時間，**視牠散步回家後的狀況而定**。大部分的狗，從幼犬開始運動量逐漸增加，3歲至4歲達到高峰，再隨年齡增長往下降。請**配合體力變化增減散步時間**。

至於何時散步，可依飼主的生活方式而定。在每天作息都差不多的家庭，定時是個輕鬆方法。若作息並不固定，散步時間也不容易有規律，狗就不會特別期待。狗是順應飼主生活步調的動物，即使是深夜，帶牠出門比不出門更令牠高興。

夏季要特別注意

夏天散步要注意時段。請避開陽光直射的時間，等太陽下山，地熱冷卻後再出門。比起冷，狗更怕熱。但室內外會有溫差，最好在散步前先通風，**習慣寒冷後再開始散步**。

狗配合飼主生活，不論是早起型或夜貓子、討厭出門或喜歡出門，連體型都出現和飼主越來越像的趨勢。

夏天注意別中暑或曬傷了！

夏天時宜選在早晚外出散步。
黃昏因殘存地熱，最好避開。

不要在吸收熱氣的柏油路上散步。

面對陽光直射的柏油路，先以手掌試過溫度合宜再帶愛犬出門。

走在發燙的路上，愛犬的腳掌會燙傷、擦傷或中暑。

冬天散步要作好防寒措施

冬天時先讓身體稍微適應寒冷後再出門。

不要由溫暖的室內突然到寒冷的室外活動。

打開窗戶，一者讓空氣流通，二者降溫。被毛薄或心臟弱的狗，應避免突然接觸冷空氣。

嚴冬時溫暖的室內和室外溫差可達20℃左右。

享受散步　3

雨天散步與上廁所的問題

最好每天都帶狗去散步，若天候太差就不必勉強。但只室外上廁所的狗，就必須每天帶牠外出。

狗不在乎有沒有下雨

除了討厭被淋濕或害怕風聲的幼犬之外，自古就生活在野外的習性，使得狗無視於下雨、下雪或颱風等，照樣可以若無其事地散步。在戶外上廁所的狗，每天都一定要帶牠外出散步。如果愛犬能在室內上廁所，訂下「天氣不好就在家玩」的規矩也無不可。

對狗而言，在戶外上廁所是很自然的事，心情會跟著變好。即使在家準備了廁所，有的狗卻只在散步時才上廁所。日本犬種和未結紮公狗，特別有這樣的傾向，請多注意。為了不讓愛犬在年紀大時生病，或遭遇災難時為上廁所的問題所苦，最好訓練牠不論在室外或室內都能上廁所。

不要製造「散步＝上廁所」的習慣

對於在室外上廁所的狗，碰上下雨天，飼主很容易陷入「上完廁所，散步也結束」的模式，讓喜歡散步的狗感覺「排泄＝散步結束＝損失（受罰）」，於是為了延續散步的愉快感，狗會忍耐到離家較遠的地方才肯大小便。

養成這樣的習慣，對狗的身體是一大負荷，而且無法如預定計畫結束散步時間，變得很困擾。因此，不論是下雨天或忙碌的早晨，當狗在散步期間上完廁所，請再多走一段路，當成是對牠的獎賞。

養成在室內大小便的狗當中，也有一歲之前無法在室外上廁所的例子，不必太過焦慮。

訓練狗室內室外都能正常上廁所

室內外都能上廁所，對飼主及狗而言都會比較輕鬆。

在室內上廁所 → 也能在室外上廁所

- 不會弄髒環境。
- 不會給人帶來困擾。

- 長時間在外時就會有困難。

外出期間當膀胱很漲時，給牠鼓勵，讓牠開始記住也能在外面上廁所。訓練牠只要鋪上尿墊，到哪裡都能大小便。

在室外上廁所 →

- 不會弄髒家裡。

- 弄髒環境。
- 若不選好地方會給人帶來困擾。
- 也能在室內上廁所

狗的習性是不可以弄髒睡覺的地方（家或客廳等），要牠從在室外上廁所改成在室內是很困難的。忍太久會導致**膀胱炎**或**尿毒症**，若是怎麼教都教不會，至少訓練牠能在**庭院**或**家附近**上廁所的習慣。

排泄=可以去散步=得到獎賞
（在排泄前不去散步）

小便就會帶我去。

能在室內上廁所的狗，一上完就帶牠去散步。只能在外面上廁所的的狗，也讓牠記住可在庭院或附近的固定位置上廁所。

不作 ↓ 不去散步 **損失**

作了 ↓ 立刻出門散步 **獲得**

反覆進行直到養成習慣

在散步中瞭解愛犬的健康狀態

愛犬的排泄物，是守護牠健康的重要情報來源。散步時清理排泄物除了是一種禮儀，還可以作好愛犬的健康管理。

排泄物是健康的指標之一

散步時好好收拾愛犬的排泄物，是飼主該有的禮儀。而真的很在乎愛犬健康的人，每一次都還會進一步確認「便便會不會太軟了？」、「有沒有混雜吞下的異物？」、「有血尿嗎？」等狀況。尤其是幼犬，不知道可能吃進什麼東西，最好先將大便剝開，檢視一下再善後。

大小便後的整理

有些住家會堆排保特瓶，防止狗到此小便，狗雖然不在意，可是飼主要注意，對方會這麼作也傳達了「狗已經造成我們困擾」的意思。最近有越來越多人牽狗去散步時會帶著保特瓶，以便沖掉愛狗的小便。水中加入明礬或醋等的確有消臭的效果，但也有人認為：「這麼作反而讓小便的味道擴散，不該如此。」總之，請注意不要讓狗在令人困擾的地方小便。小便完也請以「抱歉」的態度大致沖洗，若有人阻止沖水，就跟著照辦，好好應對這些事才是重點。

帶回家的大便，各地有不同規定。一般是倒入馬桶沖掉，也有禁止這麼作的住宅，或不得當成可燃垃圾處理，請事先確認好居住地區的處理方式。

有人以為「大便會變成肥料」而將狗大便掩埋，但事實上沒那麼簡單。大便發酵轉換成肥料需要花很長的時間。

帶室外上廁所的愛犬散步

至少早晚兩次。

- 依年齡及氣候一天3次至4次
- 幼犬或老犬廁所在近處
- 即使拉肚子也要認真帶出去

介意腳髒的人……

洗好後務必以吹風機吹乾或儘速擦乾。

趾縫容易殘留水分，每次洗完若不以吹風機吹乾，舔太久有時會引起**皮膚炎**，一定要注意！

or

使用太大的毛巾，有的狗會忍不住拿來玩耍，可將毛巾摺小再進行擦拭。

散步時的注意事項

散步對愛犬而言是重要的「社會參與」。切莫因養成習慣就過度大意。要隨時注意「愛犬的安全」、「有無帶給周遭困擾」等問題。

牽繩是愛犬的救生索！

有人認為牽繩會妨礙愛犬自由，一到公園就將它解下。但此行為讓愛犬突然和其他狗一起跑掉或被車子帶走而失蹤的機率極高。為了守護愛犬的生命，散步期間務必要繫上牽繩。若想要讓牠自由奔跑，就帶到有圍籬的狗公園。

在一般公園內，可換上較長或有伸縮性的牽繩，讓愛犬方便和其他狗玩耍。這類牽繩曾發生纏住狗及人、跑到車道而發生意外的例子，所以請在視野好的安全場所使用。

為什麼一直拉扯牽繩？

有人因愛犬喜歡拉扯牽繩而導致手部擦傷。飼主硬要拉回來，狗就會更用力，尤其是大型犬，很容易因此陷入危險，一定要提高警覺。

過去有一種說法是「拉扯牽繩＝不服從飼主的證明」，其實狗對於人類這個不同種的動物，並沒有階層的概念。拉扯牽繩有時是因受到眼前事物吸引，或後面有可怕的東西靠近。可試著在牠不拉扯而是向人的身旁慢慢靠近時，一邊讚美一邊給牠獎賞，反覆進行訓練。只要飼主耐心教導，狗也會正確理解。

挑選狗用起來舒服的牽繩。鎖型的太重，負擔大。小型犬宜用輕巧款；大型犬則選堅固的。

不要過度相信「我家狗兒沒問題」

在沒有圍籬之處解下牽繩，對愛犬而言是危險的行為。

意外何時會發生沒人知道。
飼主有責任守護愛犬的性命！

狗是沒有比較心理的動物，並不會因為只有自己戴著牽繩，就羨慕其牠狗或希望自己也可以不要戴。

注意撿食問題

散步時會有許多東西引起狗興趣，尤其要注意撿食的問題。

別讓愛犬靠近大便！

好奇心強的幼犬，什麼都放入嘴巴，不要讓牠靠近有寄生蟲等感染源的狗大便。

注意丟棄的食物！

被花季所留下的盛裝食物容器或食物的味道吸引，是狗的習性。容易將容器或竹串等吃下肚，切勿讓愛犬靠近。

散步的路線由飼主決定，對於不宜靠近之處要迅速通過。

享受外出　1

以寵物袋移動

開始和愛犬生活後，一起外出的機會也跟著增加。事前作好準備，才能與愛犬高高興興地出門。

牽繩是愛犬的救生索！

雖然有尺寸等限制，但日本的電車或巴士大都可以帶狗上車。前提是要放入寵物提籠（P.59）或寵物袋內，頭伸出來是違反規定的。想要和愛犬一起愉快外出，首先要教會牠願意走進寵物提籠或寵物袋內，並觀察能否乖乖地待在裡面，再慢慢拉長移動的距離。

生活在現代社會，訓練愛犬待在寵物提籠是很重要的一件事。例如碰上生病或受傷時，就一定要以寵物提籠或寵物袋移動，愛犬如果不習慣就會有壓力。平常像是在美容沙龍等候時，也有不少情況會被暫放在籠子裡。教會愛犬瞭解寵物提籠或寵物袋不是要把牠關起來，讓牠失去自由，而是「進去之後會有好事，是個舒適的獨處空間」。

不喜歡待在籠子或袋子內的理由

常在電車上看到狗不時將頭伸出籠物袋，令飼主百般困擾。伸出頭表示想出來，還不習慣就被裝進袋子內，狗會變得驚慌、恐懼。有人為了要回老家等理由，不由分說就將愛犬放進寵物袋進行長距離移動。請考量愛犬的負擔，最好是事前先讓牠習慣。

背在身上的袋子，晃動感比較低，坐下時抱著，感覺比較親近，幾乎不必擔心狗會暈車。

分階段讓狗習慣

首先，先從基本的寵物提籠開始，習慣後再挑戰寵物袋。

①將零食放進籠內，關上門。
②愛犬對零食有興趣，一副想要進去時的模樣，就把籠子的門打開。
③當狗完全走進籠內，給牠獎賞的零食，再給牠喜歡的啃咬玩具，趁牠玩得正高興時將門關上。
④乖乖待著就可以帶出門了。

如果對寵物提籠有抗拒感，可以從容易誘導、無封閉感的網狀型練習起。

設法讓愛犬覺得待在裡面是件快樂的事，再將時間慢慢拉長，反覆練習。

以寵物袋進行「出門練習」

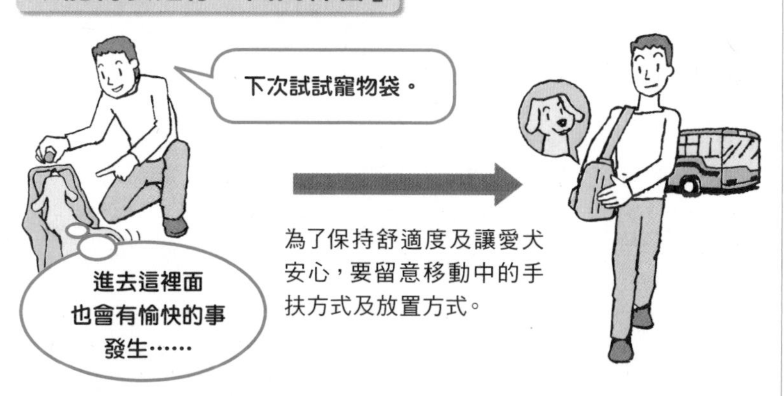

為了保持舒適度及讓愛犬安心，要留意移動中的手扶方式及放置方式。

①最好能儘快放下袋子，以可帶著走回家的**自宅附近巴士路線**為宜。
②帶著搭個一、二站試試看。
③沒問題後再往返於目的地。
④沒問題之後，再試著挑戰**其他交通工具**。

習慣坐車

平時外出若是以車代步，如果愛犬能習慣坐車，即可全家開車出遊。為了安全起見，請將愛犬放進寵物提籠內。

狗也會暈車

有車子的家庭，應試著讓愛犬從小就習慣坐車。如果能乖乖待在車內，帶牠一起出去的機會就大大增加。應避免突然就把牠放進車裡開著跑，而是先將車停在停車場，讓愛犬在車上吃東西，和牠一起玩，讓牠留下「坐車＝會有好事發生」的印象。

狗是容易暈車的動物，有的從寵物店或繁殖者那裡開車帶回家時，途中就吐了，這是情非得已的狀況。最好在愛犬習慣後再開車出遊，可以先載到附近公園，由短時間可到達的近處開始練習。大部分狗習慣後都喜歡坐車，要是不論怎麼努力還是嚴重暈車，又非得長途坐車時，可以請獸醫師開立止暈車藥。出發前的一餐不要餵食，直到不暈了才進食，以降低嘔吐造成食道的損傷。乘車前也先上好廁所，中途要休息轉換一下氣氛，讓狗舒服一些。

安全駕駛

開車途中，若是將愛犬放出來，有跌出窗外的危險。曾有單獨將愛犬留在車上而按下車鎖的例子，請務必特別小心。為了降低發生意外時的傷害，請讓狗待在寵物提籠內，並繫好安全帶。平常就習慣寵物提籠的狗，可以安靜的乖乖待著。

容易暈車是主司平衡感的三半規管出問題。不適應車子的振動，當愛犬開始流口水，眼神渙散時，就要多注意了。

喜歡或討厭都是連鎖反應

讓車子與愛犬喜歡的事物產生連結，牠才會變得喜歡車子。

⇔ 可以吃零食
可以吃飯
可以和飼主玩
可以到附近的公園散步

一起開車出遊吧！

在真正的開車出遊前，將車子與愛犬喜歡的事物串接起來，再逐漸將坐車的時間拉長。

「好的」連鎖反應

超喜歡坐車！

超討厭坐車！

「壞的」連鎖反應

⇔ 是到動物醫院
一下子就坐很久
暈車
在車上吐了挨罵

我不喜歡坐車了……

事前都沒練習就坐車出去，車子和愛犬產生不愉快的連結，讓車子變成「**可怕、討厭的地方**」。

到狗公園遊玩

狗公園是可以讓愛犬從牽繩中解放，和其他狗一同遊戲的地方。在充分了解愛犬的個性後，就可以在此盡情玩耍。

喜歡同伴的狗

愛犬在狗公園，不僅能解開牽繩，還可透過犬語和同伴度過快樂時光。從社會化的觀點，也是愛犬接受良好刺激的場所。但有時會high過頭而「上癮」，太喜歡和其他狗一起玩，導致飼主無法控制，會造成困擾。在去之前，務必確定可以使用「過來」等指令將愛犬「叫回來」。這樣才能在愛犬過度亢奮時將牠拉回，帶到外面冷靜一下。

為了避免上癮，建議不要每天帶愛犬去公園。對家犬而言，和飼主快樂生活是第一位，與其他狗一起玩只是生活的一小部分。因此，到狗公園和同伴玩耍後，不要馬上回家，而是製造一個和飼主輕鬆遊戲的時間。

不喜歡同伴的狗

另一方面，也有不喜歡接觸同類的內向狗。不要因為「自家的狗兒沒朋友」就強行帶牠到狗公園，讓牠被狗們追著四處跑，結果只會讓牠更不喜歡其他的狗。

不擅和同類相處的狗，會不會更喜歡和飼主慢慢散步，在一般公園玩接球遊戲呢？如果要帶內向的牠去狗公園，不妨挑選平日的白天，狗及人都不多的時間。

有些人會怕生，狗也會怕生。這只是個性問題，不必勉強。不如多去尋找可以讓牠和飼主快樂玩耍的遊戲。

別讓愛犬離開視線

因為聚集了很多狗及人，
要時時留意愛犬及周遭狀況，避免出現紛爭。

避開危險的檢查重點

問題發生前，飼主可以從中變換遊戲走向。
不要放著不管，要儘早出面解決。

有些地區的狗公園，到了周末，會有飼主從很遠的地方開車帶著愛犬來玩。挑選人與狗較少的平日，和一些常來的互動，可以減少不必要的麻煩。時段也列入考量，以確保愛犬的安全，碰上狗很多，對於規矩及禮儀有所顧慮時，要有「調頭回家」的決心。愛犬能不能愉快享受在狗公園的時間，就看飼主要如何安排。

享受外出　4

帶愛犬到狗狗咖啡館

帶著愛犬一起去喝咖啡的人變多了。只要能教會愛犬安靜乖巧地待在一旁，到哪家店都能帶著同行。

每家店的規定不同

可以和愛犬一起進去的咖啡店，分成三種類型。第一種，雖然是**一般咖啡店，店主善意允許狗進入。**其次是歡迎狗入內的「狗咖啡店」，其中又分成兩種，一種是「**歡迎好禮儀的狗及飼主入內**」，另一種則是飼主及狗共用食器或叉子也沒關係的「**不設限型**」。

帶愛犬去喝咖啡已經成為日常生活一部分的飼主，通常都具備了不造成其他客人不愉快的常識。但其中也有人把去狗咖排館當成遊樂活動。請事先了解「**各家店的規定**」，避免不必要的尷尬。

愛犬也能樂在其中嗎？

可以悠閒趴在一旁、飼主用餐時乖乖待在腳邊、飼主和其他人說話時也能乖乖等候……如果能養成這些習慣，帶牠到哪一類型的店都不會有問題。氣候好時，帶些食物，和狗一起去公園，坐在椅子上練習。

但比起去咖啡館，也許狗真正想要的是到公園奔跑。去喝咖啡前，可以先帶愛犬去散步或和牠玩遊戲，消耗一下精力，再上完廁所。等愛犬得到滿足，到了店裡也能充分放鬆。

擔心「我家的狗兒，帶去咖啡館OK嗎？」的人，可以先單獨到店家感受一下氣氛，和店主聊聊。

讓愛犬放鬆的訓練

在刺激多的狗咖啡館，愛犬能否感到舒適是一大重點。

利用在家用餐時間教導愛犬

吃飯時，幫狗繫上牽繩，
讓牠趴在腳邊。
只要乖巧待著就獎賞牠。

反覆教導直到養成習慣

小型犬不喜歡冰冷的地板，可帶著墊子去咖啡店。練習時也先鋪上讓牠習慣。

在公園的椅子上休息

帶愛犬到公園散步或運動，讓牠稍微消耗一些精力。

帶著三明治等輕食及飲料到公園，
坐在椅子上度過戶外咖啡時光！

觀察愛犬在有多種味道的刺激、
陌生人和其他狗的戶外能否安靜待著。

陪狗度過　1

成為可以看家的狗狗

對於常看家的狗，請花點心思讓牠習慣飼主不在家，進而能愉快等待。環境上也要用心安排。

將單獨玩耍當成日常工作

隨著家庭核心化，雙薪及頂客族的家庭持續增加中。狗雖然希望飼主能一直陪在身邊，但有別於以往許多人同住在一個屋簷下的大家庭，現在的小家庭常沒人在家，看家幾乎變成家犬的一項工作，需要**教導愛犬「看家＝日常生活（理所當然的事）」，讓牠養成獨自在家也不覺得寂寞的習慣。**

單獨在家，若只是睡覺會很無聊。受不了無聊的狗會開始惡作劇。因此，出門前可以多準備一些**啃咬玩具**（P.93）、將塞了食物的漏食玩具藏在房間等，設計一些可以讓愛犬集中心思的遊戲。如果能作到「看家＝單獨遊玩的派對時間」，狗及飼主都能安心。

一開始留愛犬看家時要裝得若無其事

不論習慣與否，飼主不在，對愛犬而言都是一件無聊的事。若飼主在出門前，抱著牠說：「對不起，要乖乖在家噢！」反而會加深愛犬「接下來要單獨在家」的感覺。**飼主的情緒會透過動作及氣氛傳達給愛犬。**所以不要有「讓牠看家真可憐，不要緊嗎？」這種多餘的擔憂。基本上嚴禁誇大的表現，簡單地說聲：「那我走了！」然後輕鬆出門就行了。

有些狗在有聲音的環境下，反而比安靜無聲更能定下心來。此時，開著收音機或錄影帶再出門也是一個辦法。

狗會盯著飼主的一舉一動

媽媽要出門了，我不喜歡，怎麼辦？

飼主出門前會發抖或亢奮的狗

①找出是什麼動作讓愛犬察覺自己要出門。

②為了切斷愛犬「作這個動作＝看家」的連結，就算**不外出時**也要反覆作同樣的動作。

不要挑起愛犬的寂寞感

看家雖然寂寞，但看到飼主回來高興得不得了！
不需要因不在家而產生罪惡感。

狗是**活在當下的動物**，不會因為「讓自己看家真是太辛苦了」就心懷怨懟，只要飼主回來就高興不已。

也可以請寵物保母幫忙照顧或送到日間照顧中心（白天寄放狗的機構）。接觸家族以外的人，對狗而言也是一種良性刺激。

陪狗狗度過　2

營造可安心睡覺的環境

狗是淺眠的動物，為了健康著想，讓牠在安靜之處舒適睡覺是很重要的。

狗也想舒服睡覺

每天重複吃飯、睡覺、起床、排泄的生活，飼主不在時也處於打盹狀態，即使如此，狗和人一樣，也需要為牠營造一個可以好好睡覺的環境。若愛犬晚上睡覺時出現過度反應，請思考是不是**環境上的因素**。

在野生的時代，除了生產之外，狗並不會築巢。但因殘留躲避危險的習性，喜歡待在**可以完全覆蓋身體或稍微暗一點之處**。市面上有販售狗睡墊（犬用床），可在家中幫愛犬布置幾處安心睡覺的位置，並確保不會受到干擾。

狗也會作夢、說夢話或作出跑步動作

根據研究顯示，狗和人一樣也會**作夢**。調查狗睡眠中的腦波，據說可以看見和人類腦波相同的變化。睡眠中，身體休息的狀態稱為快速動眼期，大腦休息的狀態稱為非快速動眼期，兩者反覆交替。作夢出現於快速動眼期。成犬一天約有一半的時間在睡覺，其中有兩成左右被認為是處於快速動眼期。

實際觀察睡覺中的狗，會發出夢話般的小小呻吟聲，或是翻白眼。有的還會作出蹬腳或跑步的動作。

狗也會打鼾，尤其是鼻子短的英國鬥牛或巴哥犬，因體型容易打鼾，有的鼾聲大到可媲美人類。

愛犬無法安靜睡覺的原因

如果是睡在狗屋或籠子，要作好防暑或防寒措施。

每次有人經過都會醒來

不論飼養在室內或室外，都應該避開行人通道旁或出入口附近。

狗若無法好好睡覺，會焦躁得吠叫或變得有氣無力

熱到睡不著，冷到無法入睡

窗戶旁冬冷夏熱，有的還會西曬。最好將籠子或睡墊等放在**離窗戶有點距離的位置**。

很多人讓狗睡在客廳，但在自己要睡覺時會將冷氣關掉。夏天變成**蒸籠般悶熱**，待久了會**中暑**，留狗看家時也一樣要留意。

飼主懷孕或生產

當飼主生了小寶寶，請將愛犬當成升格成哥哥姐姐的孩子般，也將新成員介紹給牠認識。

在生小寶寶前就預先通知愛犬

飼主一旦確認懷孕，要讓愛犬理解牠將慢慢開始新的生活。試想有一天，突然來了一個陌生人（小寶寶），還號啕大哭，原本自己白天睡覺之處不能再進去了，又不讓我看看這個人，更別說靠近或觸摸了。面對這些改變的愛犬，在不明究理的情況下會開始驚慌。要特別注意的是，狗也會有叛逆期。

從懷孕開始，飼主要一步步教導愛犬區分出可以進去和不能去的房間，讓牠記住**新規矩**。可預先將嬰兒床組起來，放個代替小寶寶的娃娃。飼主可在愛犬面前抱抱娃娃，並播放嬰兒哭泣的CD等，讓牠先習慣。而生產後在抱小寶寶之前，最好**也先和愛犬玩一下或給牠零食吃，盡可能表現出「以你為優先」的態度，不要讓牠有被冷落的感覺。**

用心經營讓愛犬與孩子感情融洽的生活

愛犬和家中小孩的關係，作父母的要確實負起責任。動來動去，又愛大聲喧鬧的小孩，在狗眼裡像個玩具，特別是他們尖銳的聲音容易引起狗興奮，**變成輕咬及撲上前的主要目標**。個性纖細的狗，對於小朋友突然從上面伸出手來糾纏不休的地亂摸，會覺得厭煩。請教導孩子安靜溫柔地對待狗，**大人也要隨時留意雙方的狀況**。

狗對於突然出現的變化會覺得有壓力。不要從生完回家那一天才調整生活環境，在生產前就要讓狗慢慢習慣改變。

讓愛犬對小寶寶留下好印象

教導狗家裡多了新成員，不必太擔心。

預告會有小寶寶來報到

小寶寶來了之後讓牠知道的事

就算小寶寶來了，你還是第一順位
（抱寶寶前先和牠玩或餵牠零食）

媽媽抱起小寶寶
等於自己會有好事發生，可吃到好吃的東西！

陪狗狗度過　4

決定搬家時

搬家對狗而言是一件大事。請優先考量愛犬的照顧，好好計畫一下該怎麼進行。

搬到新家之前

為搬家忙得不可開交之際，常會疏於照顧愛犬。如果家中有多出的人手，可以事先決定好由誰負責照顧。若是有熟悉的朋友或狗旅館，也可暫時送過去，等到家裡整理得差不多，一切都就定位後，再把愛犬接回新家，也不失為一個好辦法。

若新家不太遠就問題不大，要是搬到很遠之處，則比較麻煩。雖然有越來越多可以託運動物的搬家或宅配業者，但只要條件許可，最好還是和飼主一起行動會比較放心。

若需要搭飛機，狗會被放置在和客艙一樣有空調的貨物室。比較令人擔心的是不耐氣壓變化的犬種，或有噪音恐懼症（原因不明的對太大聲音感到害怕），巨響會引發恐慌的狗。考量搭飛機對愛犬的健康與精神層面風險偏高，例如日本國內，除了北海道或沖繩等非不得已的狀況之外，其他地區選擇陸路許會比較好。

在適應新家以前

搬到新家後，請特別留意逃跑的問題。每次喊牠都會回來的狗，搬到新家後卻叫不回來是常有的事。大部分的狗對於還不習慣的新家感到困惑，若是對新環境抱持強烈好奇心，很容易就這樣跑出去。務必幫牠繫上名牌以防走失，並關好門窗，散步時也不要放開牽繩。

搬家後，未結紮的狗特別容易到處去作記號，因為新家並沒有自己的味道。

在愛犬習慣新家之前都要提高警覺

環境突然改變，狗會嚇一跳，很多事都要重新幫牠設定。

注意上廁所的問題！

即使已經會上廁所了，也不該放任牠獨自一人，花幾天的時間帶著牠去新廁所，學會了就獎賞牠。

⬇

記住新廁所在哪裡。

注意看家的事！

在整理行李時，先製造狗獨處的時間，數分鐘後再回到牠身旁，反覆這麼作，直到牠習慣。

⬇

雖然是陌生的環境，但不會被單獨留下而覺得安心，並慢慢理解這是新家。

注意別讓愛犬逃跑！

飼主要在還不熟悉的城鎮尋找走失的愛犬，不是一件容易的事。

⬇

避免讓愛犬走失。

植入晶片，減少走失的風險

不讓愛犬走失，是和狗一起生活的重大前提。務必在愛犬身上繫上鑑札、預防注射證明，以及掛上預防走失的名牌。針對前兩項，日本的行政機關建立了全國性資料庫，例如東京的狗若被安置在秋田保健所，還是能回到原來飼主身邊。至於預防走失的名牌，一般人撿到走失的狗時，從名牌就知道該連絡誰，提高被送到保健所前找到飼主的機率。

在災害或意外事故中，有時繫在身上的名牌等會遺失，可為狗植入晶片。晶片是直徑2mm，長8mm至12mm的圓筒形電子標識，到動物醫院約支付數千日圓就能植入。疼痛程度和打針差不多，通常不需要麻醉。晶片上記錄了15位數的數字，以專用掃瞄器就能辨認出個體。植入晶片後，編號、飼主姓名及聯絡人即登錄於「動物ID促進組織」（AIPO, Animal ID Promotion Organization）。向寵物店購買已植入晶片的狗時，會重新登錄新飼主的資料。搬家或更換飼主，資料也都會跟著更新，不需要再重新植入晶片，植入一次終生可用。唯一的缺點是，在進行磁振造影儀（MRI）檢查時必須取下晶片。這麼一來，接受MRI檢查，而導致無法找到走失狗的風險會不會變大了呢？

為了預防萬一，只要愛犬不見了，請絕對不要抱持著「再等一下，牠就會自己回來」。一定要第一時間去警察局、保健所、動物醫院等處一一詢問，早點找到愛犬至關重要。

第4章

教狗狗規矩

只要飼主能以簡單易懂的方式教導，
狗可以確實學會人類社會該遵守的規矩。
本章將解說狗教養的歷史及基本的觀念，
及如何解讀狗行為背後的情緒。

從訓練到教養

二次大戰後，有人開始飼養西洋犬，並委託專業人士加以訓練。近年來，訓練內容配合家犬的教養教室大受歡迎。

日本的犬隻訓練始於軍用犬與警用犬

在第一次世界大戰時，德國牧羊犬（German Shepheredd）活躍於德軍的戰地中，備受矚目。日本也在1919年左右，開始了軍用犬的研究與訓練。第二次世界大戰時，「為了國家而飼育軍用犬」的**軍犬報國**的情勢高漲。

戰後的1974年，培育軍用犬的民間團體．帝國軍用犬協會（KV）舊會員，成立了**日本警犬協會（PD）**，於全國各地開設警察犬訓練所，也催生出「**訓練士**」**這個從事犬隻調教的職業**。當時由於治安欠佳，飼養德國牧羊犬等西洋犬來守護家人及財產安全的家庭變多，會委託訓練士來教導犬隻基本的規矩。1949年成立的全日本警備犬協會（現在的Japan Kennel Club）也兼培育訓練士。

為了成為「家族的一員」的教養

下一波的西洋犬飼養風潮是，因電影《靈犬萊西》而聞名的可麗牧羊犬（Collie），以及美國總統富蘭克林．羅斯福的愛犬蘇格蘭梗犬（Scottish Terrier）等。自1970年代後半開始，與家庭一起生活於室內的犬隻增加，日本人和狗的關係逐漸產生變化，也出現了對於以美國為首的歐美各國所介紹的「家犬的教養方法」抱持關心的愛狗人士。不久誕生了像我這樣的「**家犬指導員**」，**教導飼主有關狗的教養及訓練**的方法。

赴戰地的軍犬，除了負責短程的聯絡及配送之外，也肩負著運用敏銳嗅覺及早發現敵軍接近的任務。

教育犬隻的專家們

教導犬隻成為社會一員該有的規矩與教養。

訓練士

以訓練從事工作的警犬及搜救犬等為職業。現在也投身家犬基本教養的領域。

指導員

是一種教導和家犬共同生活的飼主，以各種方法與愛犬建立良好關係的職業。擁有犬隻行為學等專業知識及指導技術。

教養的歷史　2

服從的訓練

對人忠實服從、體力強壯、個性沉著冷靜、嗅覺出類拔萃，具備這些條件的警犬，是以獨特的訓練技法培育而成。

交給訓練所進行各種服從訓練

日本的警犬分為「**直轄犬**」及「**兼職犬**」兩種。直轄犬由警察管理、訓練，兼職犬則由一般民眾飼育管理。兼職犬在訓練所學習，經各都道府縣的警犬審查合格後註冊一年。當警察有需求時，就和訓練士一起出勤。

犬隻們被寄放在訓練所，接受以**服從為主的嚴格訓練**，磨鍊如將啞鈴銜回的「持來物品」、先聞好味道再選出具相同味道物品的「氣味識別」等獨特技能。

也為家犬進行服從訓練

戰後，在日本各地成立訓練所的警犬訓練士，包括原本飼育軍犬的人，及他們所帶出來的徒弟們。現在要成為訓練士，可以進入專門學校學習，或到訓練所，以師徒關係修業一定時間再取得資格。訓練士除**警犬**之外，也訓練**導盲犬**、**肢障輔助犬**及**搜救犬**等。自從犬隻被當成寵物飼養後，也開始**家犬**的教養訓練。

受託的犬隻基本上都生活在犬舍中，在賞罰分明下接受訓練。大部分採取的方針是服從命令時就大大稱讚，不服從則嚴厲斥責，透過這樣的訓練提高對人的忠誠度。

由於在訓練所中可外出的時間有限，能夠與人互動的這段時間對狗而言就是最大的獎賞。

七種警犬的指定犬種

日本警察犬協會（PD）認定以下七種警犬的犬種。

德國牧羊犬

杜賓犬

萬能梗

喜樂蒂

拳師犬

拉布拉多犬

黃金獵犬

訓練這七種性格、特殊技能與體型各異的犬種，對應各式各樣的狀況。其中德國牧羊犬個性、體力及能力三者兼備，不論日本或國外，都是警犬中占最高比例的犬種。

訓練所的生活作息（範例）

每天進行各種訓練,其他時間則待在狗舍休息。

	起床
7：00～ 8：00	犬隻排便、清掃狗舍
8：00～ 8：30	工作人員吃早餐
8：30～11：00	運動・訓練
11：00～12：00	犬隻吃早餐
12：00～13：00	工作人員吃中餐・休息
13：00～17：00	訓練
17：00～18：00	犬隻排便
18：00～19：00	犬隻吃晚餐
	就寢

教養的歷史　3

一邊稱讚一邊教育

對於生活在一般家庭的普通犬，有些飼主一邊思考有沒有適合牠們的教養方法，一邊學習，而後來成為指導員，活躍於日本各地。

對狗與飼主雙方壓力都小的教養方式

隨著養在室內、被當成家中一員看待的狗增加，出現了「**家犬需要的是教養而非訓練？**」的趨勢。相較於嚴格講究緊張感和集中力的職業犬，家犬重視的是**與飼主放鬆、信任的關係**。在學習犬隻行為學及學習理論的知識，又具備培訓技巧的愛犬人士當中，有人以指導員之姿，在各地開設教室、舉辦研討會等，推廣「一邊獎賞一邊進行教養學習」的觀念。

家犬教養指導員不只要教育犬隻，也要**教導飼主一些教養及訓練的方法**。可以說主要是協助飼主，共同解決與愛犬有關的煩惱，有的是飼主及愛犬一起到教室來上課，有的是指導員到家中進行一對一的指導。

飼主也變成了指導員

指導員有不少是異業轉行，例如學校老師或旅行社從業人員等，還有一些是另有其他工作只是作兼職。為什麼會這樣呢？有很多例子是，飼主和愛犬一起到教室上課後，在學習過程中對訓犬產生興趣，為了瞭解更多相關知識而開始用心投入。

指導員在日本動物醫院福祉協會（JAHA）等民間團體開設的培訓講座上課，通過考試取得執照。不論學生或社會人士均可參加這個講座。

有越來越多人想帶愛犬到教養教室上課，現今對指導員有供不應求的現象。

觀察狗的行為，給予獎勵並教牠規矩

教導狗狗行為時，不希望牠作的行為則應避免習慣化。

希望牠作的行為 例如：遵守叫回的指示

不希望牠作的行為 例如：吠叫

正 負

操作制約（operant conditioning，或稱操作式條件反射）

有好處→反覆作／有損失→停止不作

Ⓐ 遵守「過來」的指示就給予獎賞。

獲得 → 增加此行為⬆

Ⓑ 若玩耍時吠叫，飼主就停止遊戲。

損失 → 減少此行為⬇

有時候結果是希望牠作的行為沒作，
不希望牠作的反而養成習慣。

Ⓒ 下達「過來」的指令，狗沒有馬上過來就強烈責罵牠。

損失 → 減少此行為⬇

結果叫了也不過來

Ⓓ 散步中有陌生人要碰牠，因害怕而吠叫，結果對方就停手了，保護了自己。

獲得 → 增加此行為⬆

結果只要有人通過就吠叫

在學習理論中分成四個結果。

正：〔給予 增加〕	負：〔不給 扣除〕
Ⓐ 正強化	Ⓑ 負懲罰
Ⓒ 正懲罰	Ⓓ 負強化

強化
→ 行為增加
懲罰
→ 行為減少

訓練士與指導員的差別

犬隻的教養方式，隨時代而逐漸轉變，可說正處於潮流邁向大變革的過渡期。

訓練士與教養指導員各有各的指導方法

不論是訓練士或指導員都是教育犬隻的專業工作。非經國家考試取得的資格，沒有統一的標準。需要事先理解的是，依據**認證單位的不同，有時教授的內容會完全不一樣**。

基本上可區分為兩大主流，一個以「正懲罰」為主的訓練士「**服從訓練**」，另一個是以「正強化」為主的指導員「**讚美式教養**」。以數量而言，訓練士的部分占壓倒性多數，應該超過十倍之多。然而在小型犬人氣高漲的今日，將吉娃娃或貴賓犬送到訓練所，和以成為警犬為目標的德國牧羊犬一起受訓的飼主也不少。因此，訓練士中除了一般性的訓練之外，開設家犬教室及講習的人也逐漸增加。以前以「正懲罰」為主流的，**現在則漸漸轉移到以「正強化」為主的教養方法。**

飼主的選擇決定了「教養方法」的時代潮流

有關家犬的教養，訓練士和指導員之間的界限已日漸模糊，也有人是指導員的身分，教授的內容卻以「正懲罰」為主，或有訓練士的資格，但以「正強化」為教學中心。想單單從招牌上判定並不容易，只能**仰賴飼主親自去觀看業者的教學狀況後**再出選擇。

在日本，手持竹刀斥責遲到學生的教師變少了，這樣的背景或許也對犬隻教養方法的演變產生影響。

服從訓練及讚美式教養獎賞的方式

雖說是狗教養，但以什麼方法為主，在教法上也各有不同。

希望改正的行為範例

向人飛撲

以「**正懲罰**」為主

只要撲過去就責罵並勒緊脖子

停止飛撲的行為

以「**正強化**」為主

只要不撲向人就讚美並給牠獎賞。

反覆作出不撲向人的事

喜歡撲向人的狗，最重要的是不要讓牠有機會這麼作（例如飼主踩住牽繩等，不讓牠隨意撲向人）。下一步是教狗「坐下」、「等待」。

日本環境省於各都道府縣負責單位的講習，近年來改由日本動物醫院福祉協會的指導員擔任指導。顯示政府在政策上也趨向推廣以「正強化」為主的教育。

教養的內容　1

為什麼狗狗需要教養？

所謂「狗的教養」，是為了讓飼主及狗能共同過著舒適的生活，而必須要建立的規矩。而飼主要先學習如何瞭解狗。

建立「瞭解愛犬的時間」

在狗養在庭院的那個年代，通常並不覺得要讓狗作些什麼，或教牠什麼。近年來「從幼犬教養起」觀念變多了。只是大部分的人對於「為什麼要教？」、「要怎麼教？」仍不明所以。

狗要和人一起舒適地生活，首先最重要的是**狗要幸福，飼主及家人也要幸福**，再來是**鄰居也覺得舒適自在**。然而，即使飼主說：「人們是這麼想的，所以拜託你了。」無奈狗聽不懂人話，無法理解。反之，如果由飼主來解讀犬語，站在理解狗的行為及情緒上來教育牠們，狗也能體會而作出回應。

愛犬需要的是學習的機會

對狗而言，不給牠學習的機會，就以「只會叫個不停，吵死了，受夠了」為由把牠丟棄，實在令人扼腕。造成不斷有狗被任意棄養。

若針對所謂「狗問題行為」的事例進行調查，偶而**碰到能真正瞭解狗的飼主，幾乎都會說牠們這麼作是有原因的**。若能及早教養狗，就能避免彼此變得不幸。**飼主願意給狗學習的機會，牠們可以學會人類社會的規矩，一同過著幸福的生活。**

以前幾乎都是飼養後感到困擾才會去上「教養教室」，現在則是抱著「從飼養就開始」的積極的心態。

越是怕生，越要帶到幼犬俱樂部

將幼犬教室當成一個突破點，讓愛犬習慣各種事物。

若「因為怕生」就不出門，
就會一輩子怕生。

在適當的監督下，讓愛犬能夠和其他狗打招呼，一起玩耍。
（必須慎選提供這類指導的教室）

習慣教室→變得快樂→建立自信
→對各種事物產生興趣

缺乏和手足間的充分互動，在社會化不足的狀態下生長的狗，會害怕其他的狗也是很自然的事。趁著吸收力強的幼犬時期讓牠習慣和同伴相處，會慢慢改善情況。

教養的內容　2

狗狗是教導就能理解的動物

狗狗吠叫、啃咬、奔跑、拉扯等行為，只要飼主以簡單易懂的方式加以誘導，就能正確學習。

狗不會故意要這麼作

舉行研習會時，我總是要求與會者在紙上寫下「三個令你困擾的教養問題」。占壓倒性多數的是「**上廁所**」，接著是「**吠叫**」，排第三的依地區而異，另有「**看家**」、「**散步拉扯牽繩**」等問題。

因狗未養成上廁所的習慣而備受困擾的飼主，嘆氣表示：「明明記得廁所在哪裡，卻……」、「故意到處便溺」等等。其實**狗並沒有「故意」或「嘲弄」的概念**。而是原本就沒有固定在一處大小便的習慣，當然也不會有「上廁所失敗」的意識，不理解這點就罵牠，狗也會一頭霧水，不知所措。**只有99%都能在指定的位置大小便，才稱得上是「記住了」**。七成成功，三成失敗，代表還未完全記住，飼主必須耐心地教到狗完全記住或學會為止。

令人困擾的行為潛藏了某些原因

關於狗吠叫，原因很多，無法明確教導飼主「牠一叫，你就這麼作」的指令。不過，控制吠叫有共同的原則，首先是找出吠叫的原因，如果可以，請先將這個原因排除。**最重要的是「不要造成吠叫＝有好處的狀況」**。教導愛犬代替吠叫的作法（例如進入房間，或安靜待在飼主旁邊等），作到就獎賞，一直反覆到牠記下來為止。

常聽到「沒來由的亂叫」這種說法，但狗不會沒理由的亂叫，一定是事出有因才會吠叫。

「管理」是訓練狗的基本

以飼主最困擾的第一個教養問題「上廁所」為例，試想以下狀況。

「上廁所」容易出現的場景

一失敗就開罵

愛犬還沒完全記住上廁所的規矩。飼主也無法好好管理。

愛犬覺得不開心，但並不知道是因為上廁所失敗而挨罵，無法理解其中的關連。

不作好管理，隨便稱讚

作得好。好孩子！

一直便溺在地板上，約四天才到廁所上一次卻還是稱讚牠。

愛犬雖然高興，但不知道理由，無法理解其中的關連。

最重要的是飼主確實作好管理，
避免教養失敗。

教養的內容　3

領導論與教養

愛犬在家中，始終都是長不大的孩子。與飼主類似親子交流，要建立的不是上下關係而是充滿感情的連結。

犬與狼的關係有如人與猩猩

「一定要讓狗服從」、「飼主務必要當老大」的觀念，曾經是犬隻教養的主流。這是源自於「犬的祖先是狼→狼會建立狼群，所以犬也會有階級→正因如此，所以人與犬要明確區分階級關係」的理論。人類為了便於飼養而改良犬種，使得犬和狼在肢體語言上雖然有相似的部分，**習性上卻出現很大的分歧**，人與猩猩之間也是如此。

對於狼群的認識，也有重新調整。以前是將捕獲的狼，聚集在同一處觀察，當看到彼此不認識的狼開始打架時，就誤以為是在爭「狼群的地位」。但從野狼的觀察中可以瞭解，狼群是以親子關係為基礎的和平團體。

人無法當狗的領導

在動物園裡可以看到，斑馬、長頸鹿、駝鳥等被圈養在同一區，卻只與同種類的動物聚在一起。狗也明確知道人和牠們是不一樣的動物，**又豈會有「群體的領導」這種概念**。更何況，從原本的群組形態來看，也無所謂服從不服從的上下關係，而是**更接近**親子的感覺。

比起人，狗是幼態延續（neoteny），是擁有成熟身體的孩子，所以總是依戀著飼主而無法離開。

狗會覺得自己是人嗎？

常有人說：「我家狗好像人！」但狗的想法是？

範例 只想和人一起在餐桌吃飯的狗心情

愛犬想上桌吃飯，是因為可以得到好處。如果飼主要狗重新養成吃飯的規矩，牠會立刻回到原本的模樣。

教養方法　1

狗會重複「有好處的事」

狗會重複有所得的事，並停止或避開有損失的事。站在狗的角度來看得失，教養上會變得容易許多。

以狗的觀點思考

教養狗時，常會不自覺的以人的角度去想「這是好事」、「這是壞事」。其實我們無法像教孩子般，讓狗理解優缺點。

狗無法聽懂人語，所以牠們常仔細觀察飼主及周遭環境。只要有「開心」、「愉快」、「好吃」等對自己有好處的事，牠們會**重複這個行為**。相反的，出現「可怕」、「疼痛」、「難受」等對自己**不好的事**，就會**停止或避開該行為**。好好觀察愛犬，掌握這個簡單的行為模式，如此一來，彼此就能愉快地進行訓練。

會讓狗高興的獎賞

飼主若是要讓狗作你希望牠作的事，不作你不希望的事，**善用獎賞**是一個重點。獎賞不僅限於零食，所有愛犬喜歡的東西和開心的事務都可以成為獎賞。

去發掘一些對愛犬的**生活報酬（life rewards）**。找到越多，越能增加讓愛犬開心（感覺有所得）的頻率，巧妙控制牠的情緒。而讓愛犬去作牠「現在」想作的事，無疑就是最高的獎賞。

愛犬喜歡的事物會隨著年齡等逐漸出現變化，所以要配合牠的一生，持續發掘讓牠得到獎賞的事。

以犬的觀點來看得失

作出希望的行為時，讓愛犬有「得到」的感覺。

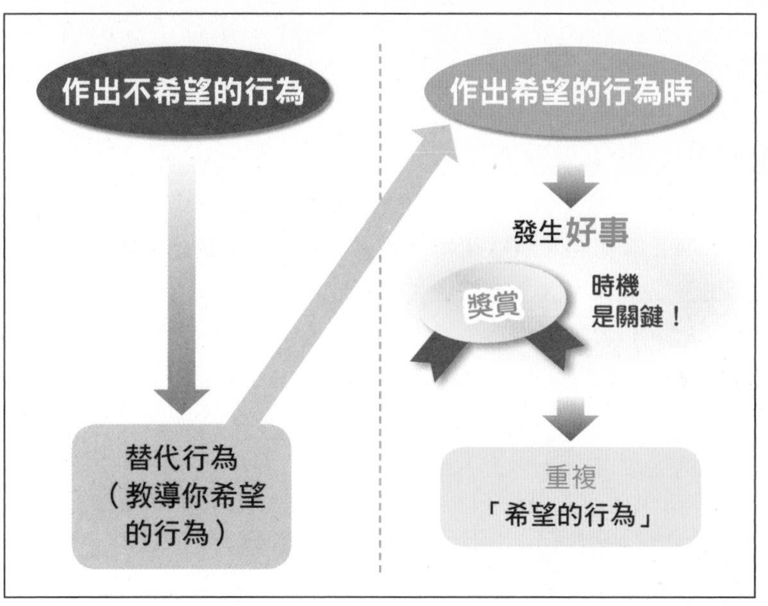

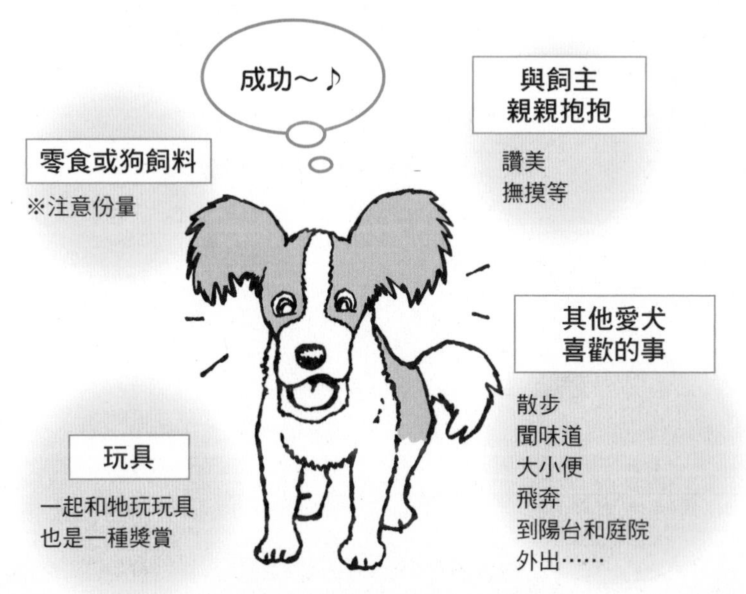

教養方法　2

在家教？還是委託專家？

家犬以個別狗的需求來進行教養訓練。瞭解委託專家的優點，可善加利用教養教室。

飼主混亂，愛犬也無法理解

可透過書籍、網路、DVD等管道簡單取得琳琅滿目的資訊。關於狗教養，當然也可以從中學習。只不過，**飼主自修習得的教養，如果不能正確教導愛犬，會讓愛犬陷入混亂**。這個方法不行，就再試不同的方法，只會讓愛犬越來越不知所措……結果惡性循環，使飼主煩悶多年。

學習「適合狗與人的作法」

舉例而言，想學鋼琴時，比起買樂譜回來自修，上鋼琴教室應該會更快上手。請以相同的感覺來思考狗的教養，「因為不懂，所以要去學」也是理所當然的事。

東試西試，最後束手無策而來教室的人常說：「全部都作了，但我家狗什麼也沒學會。」

借重專家之手，**抓住重點進行指導**，跳過不必要的程序正確學習飼主的教導方法，才能飼主一起**規劃出適合飼主與狗的課程**。例如教導「進去籠子」這件事，我也會視飼主的年齡、個性，以及愛犬的個性，綜合評估後調整出最適合的方法。**能夠臨機應變的提供量身訂製的方法**，正是專家所長。

愛犬的教養不能抱持著「應該、必須」的堅持，對於資訊，不要囫圇吞棗，請思考適合愛犬與自己的教養方法。

到底要相信什麼才好？

讀了有關狗教養的書，但每本書都寫得不太一樣，為什麼會這樣？

訓練士及指導員並非經國家考試取得的資格，因此，有關教養的方法和意見也不一致。

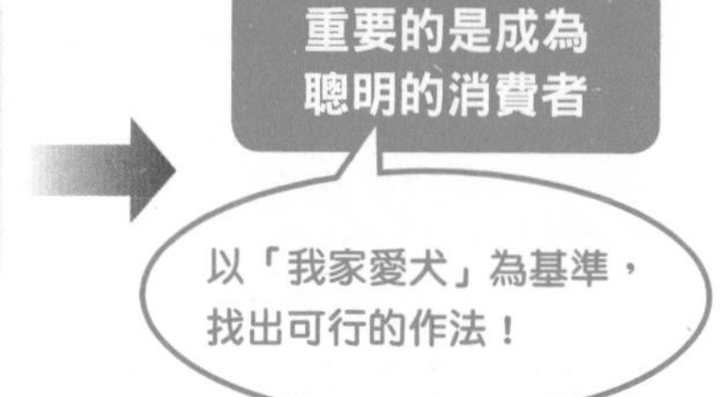

指導員是扮演引導的角色

訓練有各種方法，指導員是扮演引導的角色，提供明確的方法。

殊途同歸，登山路線雖多，
最後都可以抵達山頂的目標。

最短路徑是訓練士等專家的作法，對一般家庭的飼主也許較難執行。

指導員在掌握所有路徑後，提供最適合飼主及愛犬的作法。

當你有「適合什麼路徑？」、「要怎麼教才對？這些困惑時，請和指導員商量。他可以建議適合你及愛犬的方法，即使需要繞點遠路，仍然能達到目的。

教養方法　3

挑選教養教室

不能過分的依賴專家。上課前，最好事先到現場實地察看設備，並找到適合愛犬的指導員。

首先，試著詢問飼主可否單獨觀摩

委託專家前，建議事前先去參觀體驗。在未真正決定專家人選前，**最好不要帶著愛犬一同前往**。沒先弄清楚狀況就讓愛犬進行體驗，結果可能適得其反，對於去上課這件事感到討厭或害怕。

若是考慮請人到家中教導，也要要求對方提供觀摩的機會。如果完全沒得商量，或不由分說便斷然拒絕參觀，那麼最好就此打住。因為如果是真正的專家，**他的工作應當公開透明**。

生物不適用「絕對」二字

許多飼主會問「大約要上幾堂課才好？」、「大約上幾次課後，這個問題就能解決？」我充分理解飼主會這麼問的心情，在評估過飼主及其愛犬後，會預估所需要的課堂數。但也請飼主明白，**教養是無法精準估算**。

指導員不只要教導狗，**在「教育飼主」上也占了很大的工作比重，有時候要花上不少時間**。狗是活生生的動物，**「絕對」的說法在並不適用**。所以若是有人宣稱「100%會變好」，可信度值得懷疑，最好多加注意。請捨棄「絕對會……」的偏見，和愛犬盡情享受訓練的過程。

挑選培訓教室和挑動物醫院，有一些雷同之處。請挑一個飼主及愛犬都能安心上課的場所。

到教養教室觀摩時的檢視重點

請以自己的標準確實評估。

指導方針適合愛犬和自己嗎？

若要確認指導員的
指導方針……

試著提問：「○○問題令我很困擾，
要怎麼斥責狗才能有所改善？」

說明斥責的方法

「**正懲罰為主**」
的指導員

除斥責方法之外，也說明其他作法（並沒有否定斥責的作用）。

「**強化為主**」
的指導員

教養方法 4

教養上的注意事項

狗教養有時出於一片善意，但事與願違。所以要多加細心注意才行。

不要強行要求服從

在進行教養訓練時，有人會因為「非讓牠服從不可」的意識太強，而抓住狗的鼻頭，或將牠翻過來壓住（P.89），直到屈從才鬆手。狗對於強硬無理的動作反應很神經質。尤其是日本犬種，這種教法是行不通的。常有人陷入「不加以壓制，牠就不會服從」等思維，殊不知，狗只要記住一次逃脫的經驗，之後會變得越來越粗暴，所以應該要停止這種冒失的作法。請務必記住，這樣的教養方式會**讓狗與人的關係變得僵硬，導致日後問題不斷**。

不要因錯誤的斥責方式而無法再觸摸愛犬身體

對狗而言，鼻頭、耳尖、足尖及尾巴等身體的末端，是不太能碰觸的部位（P.77）。如果是為了清潔照護，從平常開始就必須溫柔地碰觸這些敏感的位置。**輕柔碰觸鼻頭、將鼻口包覆起來的動作**，稱為muzzle control。

這個術語被當成「抓住狗的鼻口加以訓斥」之意。鼻子是狗敏感的部位，**為了訓斥而突然用力抓住牠的鼻口是危險的舉動**。一挨罵就被緊緊抓住，狗會漸漸和厭惡的記憶連結，結果在重要的照顧時刻反而無法再碰觸愛犬的身體。因此絕不要再使用這種方法。

體罰百害而無一利。對於語言不通的狗尤其如此。有可能會對「人的手」產生不信任感。

不建議的斥責方式

從犬隻行為學來看也是非常危險的舉動，
有時還可能「被咬傷」。

若持續不恰當的斥責方式……

無理的斥責方式將引起以下的「副作用」。

副作用①
太過害怕而攻擊

副作用②
在責罵者看不到的地方作出問題行為

副作用③
弄錯挨罵的理由，導致問題行為加劇

副作用④
作什麼都挨罵，顯得有氣無力

副作用⑤
斥責者和狗的信任關係瓦解

教養方法　5

以適合愛犬的方式進行教養

請拋開「必須要這麼作」的堅持，讓愛犬在生活中健全地養成的規矩。

抱持核心理念，不道聽塗說

「要服從，不可以不聽話」這種概念常見於養狗的飼主身上，和貓、倉鼠或松鼠等其他動物一起生活的人則無。可是，他們在開始養狗後，不少人就會犯相同問題，容易以「非得這麼作才行」的態度來教養愛犬，而這樣的執拗導致**與愛犬的關係變得不融洽**。

多方蒐集情報，為了狗的教養而非常努力的人，有時會把「溜狗朋友」間的傳聞當成情報而團團轉。關心狗的教養的人應該要**抱持自己的核心理念，不隨意搖擺**。

我的核心理念是**安全性**。在執行前請先思考「這個方法我可以作到嗎？」、「會不會可怕、疼痛，讓愛犬和自己的身心都受傷了？」等問題。**即使是專業人士的說法，也不要囫圇吞棗，照單全收。**

電視上的教養方式未必適合愛犬

某次，我的教室在一天湧入了許多電話，我問了一下原因，原來是看了模仿專家在電視上的教養方法後打來諮詢。「我家狗受傷了」、「我被咬了」的事故層出不窮。**電視節目中的狗和你家狗兒並不一樣，考量愛犬的安全，請不要隨意仿效。**

電視節目為了在有限的時間內呈現效果，多半會採取「懲罰」的教養手法，在模仿前不妨先想像會造成什麼後果。

這個方法安全嗎？

不要貿然模仿，先想想對愛犬或自己安不安全。

不隨情報左右搖擺的核心理念

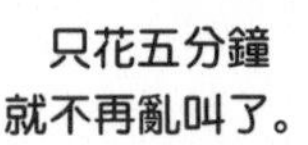

安全？

例 只要聽到對講機的聲音就會吠叫的狗教養方式

電視中的成功作法

在玄關的地墊裝一條線，當狗一叫、踩上地墊的瞬間，便用力拉線。

受懲罰的狗嚇得不再叫了。

實際作作看……

愛犬變得很怕地墊！

愛犬受傷了！

但還是無法讓牠停止吠叫……

要注意避免有效果，但讓愛犬身心受到傷害的方法。

教養方法　6

接受專門醫師的行為治療

針對狗的問題行為，首先懷疑牠是不是有身體上的異常是正確的觀念。尤其是攻擊行為，可以先交由獸醫師判斷。

需要專業治療的案例

和人一樣，狗的身體如果有變化，行為也會有所改變。有時是健康受損才開始出現問題行為。例如有椎間盤突出的徵兆，狗感到背部疼痛，但是從外觀上看不出來，不了解狀況的飼主每次一碰觸愛犬的背部，牠就作勢要咬人。這樣的「咬人」行為無法靠訓練解決，屬於**獸醫學的領域**。

何謂行為治療？

當愛犬出現咬人、吼叫等攻擊問題，或不斷追著尾巴打轉、老是舔腹部等強迫性障礙（常同症）時就要特別注意。一出現這樣的行為，首先要懷疑是不是**身體異常**，請不要去教養教室，而是帶去**行為治療科**就診。

行為治療科在確認身體是否健康及特定原因後，對症進行行為治療，必要時會施以藥物治療，雙管齊下。其中關於**行為治療**，也有由指導員依據獸醫師開立的處方進行治療。指導員的認證中，有一項是世界標準的認證專業訓犬師（Certified Council Professional Dog Trainers, CPDT)。擁有此認證的指導員，可確實理解獸醫寫在處方箋上的專門用語，若能在共通的基礎下一起進行治療，也可以列入考慮。

自2009年開始，CPDT也接受日語認證，目前日本有四十餘人擁有此認證，也有獸醫師取得此認證。

注意問題行為

依症狀而異，有的行為無法經由訓練改正。

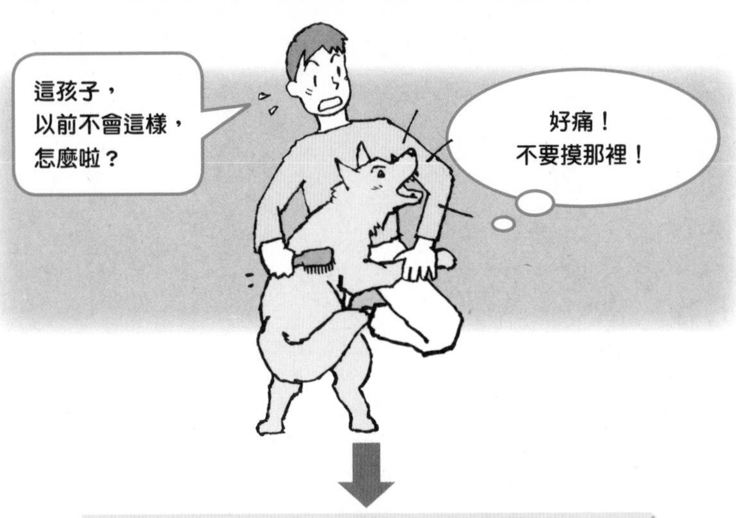

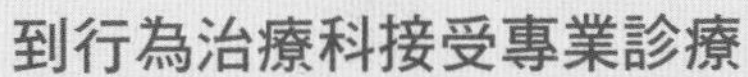

到行為治療科接受專業診療

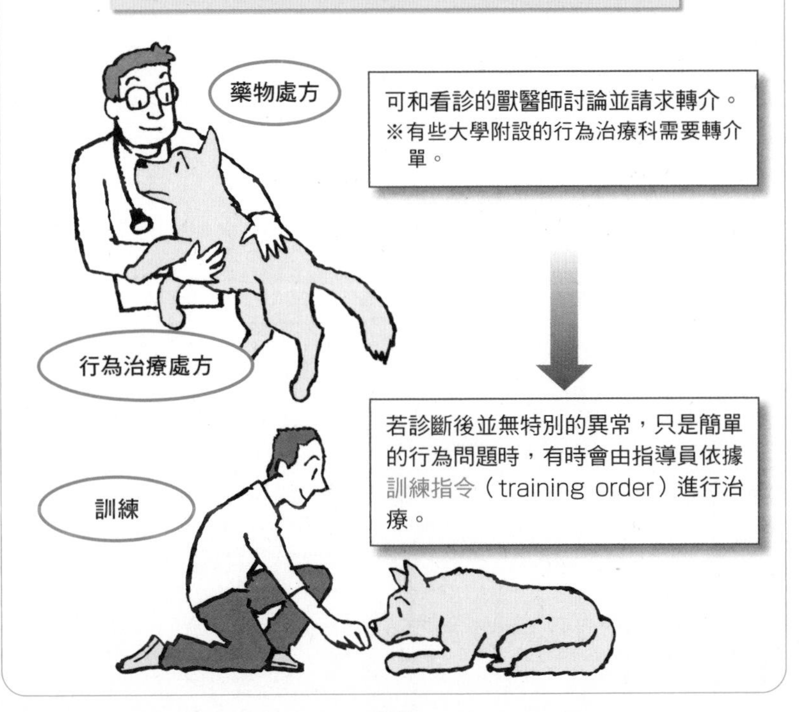

可和看診的獸醫師討論並請求轉介。
※有些大學附設的行為治療科需要轉介單。

若診斷後並無特別的異常，只是簡單的行為問題時，有時會由指導員依據訓練指令（training order）進行治療。

國外的犬隻教養狀況

日本對於犬隻的教養訓練概分為兩大主流。世界其他國家（如英國及美國）的狀況也一樣如此。

英國擁有皇家動物防虐協會（Royal Society for the Prevention of Cruelty Animals, RSPCA），是世界最大、最早設立的愛護動物團體，對於動物福祉投注極大的心力。有極高的拯救動物意識，立法禁止在店鋪販售犬隻。對於教養訓練是以「正強化」為主，採取以動物行為學為基礎的方法。

至於美國，依各州法律而定，對待犬隻的方式有很大差異。紐約及舊金山觀念先進的都市，照護動物的意識也很強烈。但綜觀全美，幼犬繁殖工廠（P.52）的問題堆積如山，犬隻的撲殺數量也非常多，感覺像是一邊面對問題，一邊逆成長。「正強化」為主的教養和「正處罰」為主的訓練約為4：6，何者為佳；始終處於激烈的爭辯狀態。

全球正逐漸以「正強化」為主流，而從各國把狗當成家人看待的感覺越來越強烈，再加上科學上的佐證，今後應該還是會繼續朝向這個方向發展吧！

第5章

瞭解狗狗的身體

維護愛犬的健康是飼主重要的職責。
本章除了說明平日的健康照顧與身體管理，
也針對在解讀愛犬的心情基礎上，
考量牠們的疾病、
受傷、老後、死亡等問題。

保養　1

從日常保養守護愛犬健康

為了清潔保養愛犬，要先培養牠們成為「能觸摸身體的狗」。養成每天觸摸的習慣，較容易發現身體上的變化。

日常的身體接觸也可預防疾病

狗是經過人類品種改良的動物，為維護牠們的健康，一定要好好加以保養。大部分的狗，尤其是被毛不斷生長的長毛犬，趾甲太久沒修剪會扎進肉裡。若不好好照顧，容易損害健康或變得不衛生。

基本上，毛長到一定長度就會停止生長的短毛犬，不像長毛犬需要時常梳理。但不論長毛短毛，都需經由每天觸摸牠們的身體，加深彼此的關係，並能預防疾病。**日常的保養與身體檢查息息相關**。若能養成邊觀察邊保養的習慣，**即使是很小的變化都能儘早察覺**。而且，比起單純的碰觸，以梳子將毛梳得越開，會越容易發現有無異常。

「願意被觸摸身體」是照顧的基本

習慣讓人觸摸身體各部位的狗，在保養上會輕鬆許多。而且在生病或受傷時，也容易接受診療。平常就常觸摸牠的臉部四周和身體，當獸醫師開立「吞服或塗抹藥物」的處方時，也能好好作治療。

狗是習慣性的動物，不妨讓牠累積每天「**被飼主觸摸＝覺得舒服**」的經驗，藉此養成習慣。在散步、運動或玩耍後，當愛犬有點疲累想睡時，可試著溫柔地輕撫牠的身體。

狗喜歡或討厭被觸摸的部位，有個別的差異。其中也有特別喜歡讓人摸鼻頭或尾巴的。好好觀察一下愛犬的喜好吧！

不喜歡讓人觸摸的狗，要如何讓牠習慣呢？

對於已經被養成不習慣被人觸摸的狗，
要靠飼主的耐心和訓練加以改變。

愛犬的必要照顧

- 梳毛 →觸摸身體
- 擠肛門腺 →觸摸屁股和尾巴
- 修剪趾甲 →觸摸腳掌
- 刷牙 →觸摸嘴巴
- 清耳朵 →觸摸耳朵

討厭被觸摸的徵兆！ 輕咬、掙扎亂動、逃脫……

習慣觸摸的訓練

先確認愛犬喜歡和討厭被觸摸之處

第一階段

只在狗專心吃美食時，
稍微觸摸牠討厭被摸的地方。

第二階段

稍微觸摸，若沒反抗
就立刻稱讚牠。
讓人觸摸＝有好處

第三階段

慢慢增加觸摸的時間，
若沒反抗就稱讚牠。
讓人觸摸＝覺得舒服＝有好處

要很有耐心，一個階段一個
階段地讓愛犬慢慢習慣。

重點

- 在愛犬有點疲倦時斟酌進行。
- 不要急於觸摸。
- 像舔幼犬的母犬般溫柔地接觸。
- 飼主觸摸時也要抱持輕鬆的心情。
- 不要想一次摸過所有部位。

保養 2

保養要在輕鬆的氛圍下進行

梳毛、剪趾甲等各種保養，請視愛犬的狀況，輕鬆地讓牠養成接受清潔護理的習慣。

可以在家裡作的日常保養

日常保養是清潔愛犬的身體，維持牠的健康。尤其是梳毛很重要，梳去脫落的被毛，順道將打結的毛梳順。其他需要用心的日常照顧，還有**刷牙、修剪趾甲、清耳朵**等。排便時不夠用力的小型犬，要定期將積存在**肛門腺**（位在肛門左右的臭腺）的分泌物擠出來，就是一般說的擠肛門腺。如果沒作好這點，有可能會發生肛門腺破裂而引起肛門囊炎，要多加留意。

我在狗教養教室或教養書中曾介紹日常的照顧方法，若能記下作法，就算在家裡也能進行。不過，不擅長沒信心勝任的飼主，就不要勉強，可交給專家處理。平常就有在清理的狗，多半能安靜地在貓狗美容沙龍（寵物美容室）接受保養。

讓狗安心

狗的日常保養要**持續一輩子**。若愛犬覺得「保養＝討厭的事、可怕的事」，在其活著的十幾年當中，每次保養時都會變得很辛苦。**最重要的是飼主本身的態度不要令愛犬緊張**。例如，若過於深信「梳毛就是要清除掉毛」而很用力的梳理，反而會給牠帶來痛苦。請輕聲細語地營造**輕鬆的氛圍**，以梳理自己頭髮的力道為狗梳毛。如此一來，愛犬會覺得「梳毛＝舒服」而樂在其中。

也會有對毛刷等護理工具懷抱著戒心的狗。不要突然就開始梳理，最好先讓愛犬聞一下工具的味道。

為什麼要修剪趾甲？

若是養在室內、體重輕的小型犬，
一直不剪趾甲，就會不斷地生長。

若想「一次就全部剪短」，會對狗造成負擔。以**一天剪一根**的進度開始，耐心地養成習慣。

狗的趾甲
有神經和血管通過。

飼主容易比狗更驚慌。

事先向獸醫或美容師確認要修剪到什麼程度。
飼主若覺得不安，就交給專業人士。

所謂的狼爪是指什麼？

狗前後腳的第一根腳趾（相當人的大拇指）。

依狗的種類，也有從幼犬時就保留狼爪不修剪的規範。
【例如】大白熊犬（Great Pyrenees）

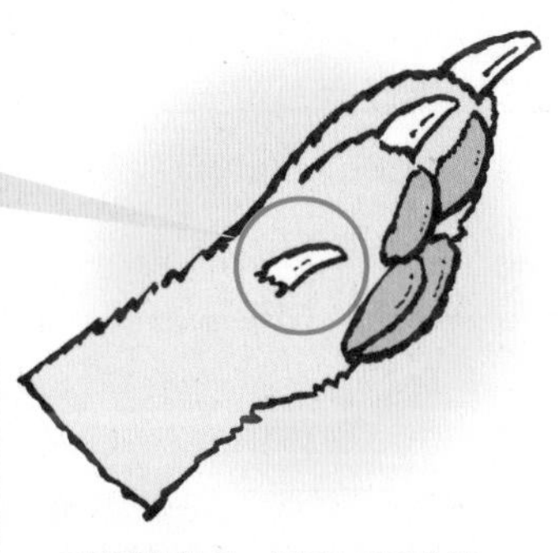

由於狼爪不接觸地面，會慢慢長長。彎曲的爪子，**會有刺入肉內或鉤到地毯**的情形，需定期修剪。

※雖稱為狼爪，但絕大部分的狼並沒有長爪子。

保養　3

長毛犬有必要作美容

被毛很長的長毛犬必須作美容（修剪全身的狗毛）。若是飼主難以自行動手修剪，就交給寵物美容沙龍。

覆蓋長被毛的長毛犬帶去寵物美容沙龍

自古以來參加犬展的純種犬，都會將符合規範的「**參賽美容**（show trimming）」交由專業美容師打理。至於一般的家犬，被毛不斷生長或容易打結的**長毛犬**，也有必要帶去寵物美容沙龍讓美容師修剪。樣式方面，蔚為主流的是參賽型的變化款，根據愛犬的面貌、飼主的喜好等進行「**寵物型**」。也有隨狗的年齡增長而將容易髒的毛髮剪短的服務。

飼主雖然也可以自行作修剪，但愛犬若是覺得不安而討厭修毛，**修剪起來就很困難**。狗不像人可以安靜不動，有時會發生**誤剪到耳朵而流血的意外**。除非你是那種不在乎愛犬的毛剪得深淺不一，像「狗啃似」，**最好還是帶去美容沙龍**。沒好好梳毛或修剪被毛的長毛犬，有的會得到皮膚病。所以，長毛犬適合「花費時間和金錢替牠們保養」的人飼養。

短毛犬要怎麼作？

短毛犬不需要像長毛犬那麼花時間梳理。不過，無法在家裡作的保養，最好還是帶去動物醫院或交由美容師處理。當然，也可向寵物美容沙龍預約「只修剪腳趾甲」、「只清耳朵」的單項保養。

昭和初期左右，日本從國外進口純種洋犬數量增加後，才開始出現狗美容。

參賽型與寵物型的美容

家犬以表現狗本身可愛模樣的寵物型美容為主。

活用長而美麗被毛的**參賽型**。不過，這種樣式每天要耗費很多時間和心力保養。

剪短狗毛、展現狗特質的**寵物型**範例。
修剪成毛不易打結，又能減輕眼睛周圍被毛變色（淚液太多所導致）。

若保養得不好……

很難看到前面，而且讓人身體發癢！

保養　4

「習慣」是美容的重點

須要定期美容的犬種，從幼犬階段就要勤於帶去美容沙龍，讓牠們習慣美容師的保養。

幼犬無法一直保持安靜

接受疫苗接種後（P.62），就帶幼犬到美容沙龍。**請工作人員給牠獎賞等，讓牠記得「去沙龍＝有好處」**。不過，精力旺盛的幼犬，特別會動來動去，往往無法靜靜待在美容檯上。因此，最好是在散步或玩耍後，**有點疲倦時**再帶去美容。

若從小就養成習慣，就算在臉上剃毛也沒關係

貴賓犬經常要以電動剪刀（電剪）剃掉臉上的毛。而玩具貴賓犬流行的美容造型是保留臉上的毛而修整成泰迪熊的造型，並沒有將臉上的毛完全修掉。

有的飼主因為覺得愛犬年紀增長，「眼睛周圍被毛因淚液變色或被口水髒污了，想將牠臉上的毛像貴賓犬一樣剃光」，其實沒那麼簡單。若從幼犬階段就習慣電剪就沒問題，沒有這種經驗的狗，**恐怕會引起牠的恐慌**。

剛毛獵狐㹴（Wire Fox Terrier）等㹴犬，會採用以拔毛鉗除毛的拔毛（plucking）技法，整理其剛毛（像鐵絲般的硬毛）。如果也是從幼犬時就養成習慣也不會有問題，**成犬之後再進行就會覺得痛**。而且，這種技法並非所有的美容師都能勝任，所以近年以電剪輕鬆修剪整理的寵物型美容狗變多了。

因狩獵狐狸而受青睞的剛毛獵狐㹴，被毛硬如鐵絲，以避免狩獵時因茂密的樹叢等傷害身體。

從幼犬就養成習慣

從小就建立起保養的習慣，可以減少日後的壞習慣。

因不習慣美容沙龍或美容師而咬人或暴走的狗，因應方式是讓牠們在臉上戴個**嘴罩**（口環），或在脖子套上**伊莉莎白項圈**（喇叭狀的保護工具）等。

但有些狗會強烈抗拒……

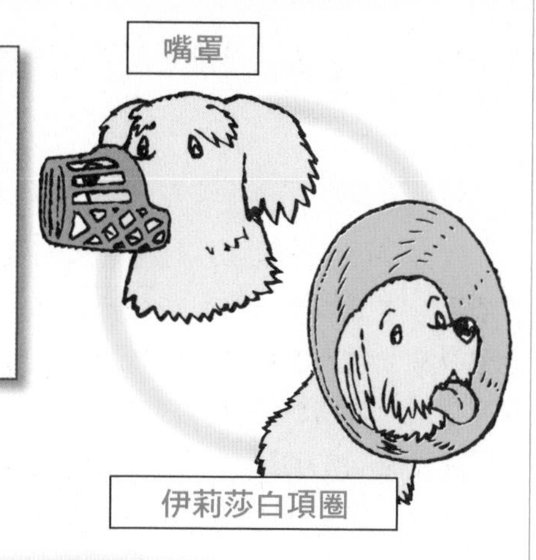

將狗培養成不會討厭保養或上美容沙龍

正在剃除臉部被毛的玩具貴賓犬

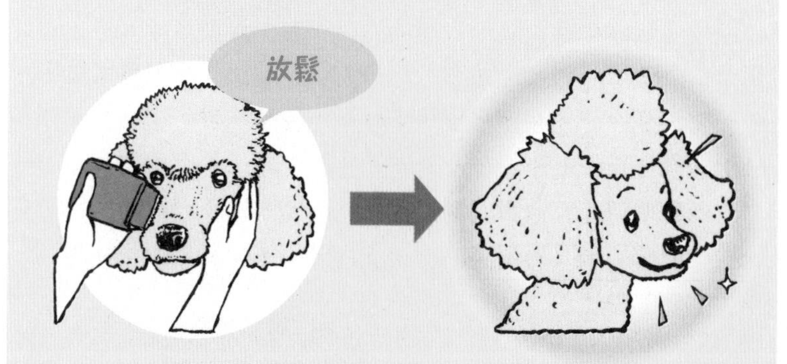

不只能將貴賓犬剪成流行的泰迪熊風造型，若從小就讓牠嘗試各種修剪，在接受美容時就能夠輕鬆自在。

保養　5

找尋能敏銳察覺狗情緒的美容師

在養寵物的熱潮下，市面上出現許多寵物美容沙龍。希望大家能找到可放心將愛犬的保養託付給對方的美容師。

多打聽附近的風評，蒐集情報

寵物美容沙龍是可以託付愛犬的**洗澡、修剪、梳理、剪趾甲、清耳朵**等清潔工作的場所。在決定去哪一家之前，先探聽店家的風評。若有中意之處，再前往考察。最好先檢視店內是否衛生？有無異味？是否溫柔對待狗？是否能回應飼主的諮詢等，再作決定。

從沙龍回來的愛犬，若有**身體腫脹或腹瀉的情況就要注意**。愛犬是否喜歡去那家沙龍，美容師有沒有告知愛犬的狀況，也是研判美容沙龍好壞的重點。

託付給能瞭解愛犬情緒的人

美容保養的技術雖重要，若能託付給**優先考量愛犬情緒的人**，比什麼都更令人放心。愛犬在保養過程中有不喜歡的事，也能將這些訊息傳達給飼主，並清楚給予「請在自己家裡多梳理牠的毛」之類的意見，就是值得信賴的美容師。舉例而言，對於還不習慣的狗，會建議不要一口氣就作完整套保養或修剪，而且會建議**「今天只剪趾甲」、「今天先剪頭」等，或帶狗散步後再過來慢慢保養**，這樣的人才是優秀的美容師。

修剪狗毛時，狗通常要**站立二至三小時**。即使已經習慣了，對幼犬或老犬而言都很辛苦。請充分與美容師商量保養的內容與時間，注意不要太勉強愛犬。

每個美容師擅長的犬種不一樣。可先上網調查，並與飼養同犬種的飼主交換情報。

要以什麼觀點作選擇？

觀察美容師的技術、人品等，選擇適合愛犬的沙龍。

也有人將寵物美容師稱為charisma頂尖且超強領導力或魅力的！

- 能找出適合的最新造型。
- 能展現愛犬的個性。

時尚的寵物美容沙龍，有的預約後可能要等上三至四個月……

與愛犬的適合性

- 能配合愛犬的狀態加以回應。
- 愛犬高興前往。
- 就算是日常的照料也會提供建議。

若飼養須定時美容的狗，有不少飼主會上美容師專業學校，學習專業技術。就長遠觀點來看，若能自行修剪可省下不少費用，愛犬又能放鬆，可說是一石二鳥。

保養　6

若不考慮愛犬的毛質會有反效果

在家裡為狗梳毛或洗澡時，若未充分理解工具與方法，有時反而會有反效果。

有使用適合愛犬毛質的刷子嗎？

依不同的犬種有不同的毛質，例如貴賓犬等捲毛狗、㹴犬等硬毛狗、瑪爾濟斯等毛髮如絲的長毛狗、吉娃娃臘腸等（毛既短又直）常掉毛的狗等。**梳理時要視毛質與毛量使用不同的工具**。不知道這點而使用不適合愛犬毛質用工具的人，卻比預期的多。

剛養狗時，最好能向寵物店、繁殖者，或今後會替寵物保養的沙龍美容師詢問該準備什麼樣的毛刷再行購買。只是有時專業人士使用的工具，一般人用起來不見得順手。剛開始飼養時，可先請教**適合新手使用的工具及容易操作的方法**。

洗完澡後若讓毛髮自然乾燥容易起毛球

若能讓愛犬慢慢習慣蓮蓬頭的聲音、水壓，及吹風機的聲音與風量，在家也能幫寵物洗澡。只不過，**使用吹風機吹乾狗毛，花費的時間比想像中長**。因此，若愛犬吹太久而不耐煩，或飼主本身也嫌麻煩，很容易萌生「現在滿暖和的，沒吹乾也沒關係」、「到庭院或陽台晾乾」等想法。而如果根部未徹底吹乾，沾濕的毛會變硬而呈現毛氈狀，狗覺得癢而抓搔處就陸續變成了**毛球**。若飼主硬要將毛球梳開，也要注意愛犬會對保養心生反感。

洗澡能洗去梳毛時無法梳掉的髒污或臭味，具有去除寄生蟲和預防皮膚病的效果。

最重要的是不產生毛球！

若保養時未出現毛球，修剪美容也能漂亮地完成。

洗澡前

以毛刷梳開狗毛，變得蓬鬆後再洗。

洗澡後

一邊用吹風機吹，一邊用毛刷梳理，一定要徹底吹乾。

天天梳毛很重要！

到處都是毛球！

- 痛、癢、不舒服。
- 不論經過多久毛質都不會變好。
- 就算去寵物美容沙龍，也修剪不出好造型，很不經濟。

作好保養就不會有毛球！

- 狗不會有負擔！
- 修剪整理時間縮短。
- 造型好看，飼主也滿意。

一旦產生毛球？

壓住毛球根部，以梳齒尖端或手指鬆開毛球慢慢梳理。

視需要用剪刀剪掉毛球。

對頑固的毛球不要強行修剪，交給美容師處理（有時會單獨計費）。

容易產生毛球處

耳後、前腳的腳趾根部、屁股周邊等。

注意！

- 不要拉扯皮膚，以免疼痛！
- 剪毛球時，不要剪到皮膚。

保養　7

狗狗的換毛與體溫調節

愛犬的日常護理須考慮到季節的變化，像是夏天酷熱、冬天嚴寒春秋換毛期的掉毛等。

夏天時要預防過熱

對狗而言，尤其要注意夏天的酷熱。天氣熱時，若以高溫的水替愛犬洗澡，牠們的體溫調節就會出問題，會出現過熱（overheat）現象。使用吹風機熱風吹乾狗毛，有時會引起熱中暑，最糟情況甚至會致死。尤其是牛頭犬（bulldog）等短鼻子的犬種，剪毛期間為避免咬人而戴嘴罩（P.163）時要多注意。夏天只要使用微溫的水洗澡，吹乾被毛時將吹風機切換到冷風模式。

春天和秋天進行「換毛」的狗會大量掉毛

有的狗是具有外毛（overcoat）與內毛（undercoat）兩層結構的雙層毛（doublecoat）犬種，有的則是只有外毛的單層毛（singlecoat）犬種。雙層毛的狗，在冬天來臨前，內毛會全部掉光，換長出具高保溫效應，能禦寒保護身體的冬毛。在夏天要來前，則是內毛掉光，這次換長出在嚴夏中容易調節體溫的清爽夏毛。在狗大量掉毛的春季和秋季稱為「換毛期」。

與長毛犬相比較，短毛犬是不需要花費太長時間護理的犬種，而雙層毛犬種的掉毛處理起來很耗時，外行人往往無法一次處理乾淨。建議還是利用寵物美容沙龍「清理掉毛套裝服務」。

換毛期與日照時間和氣溫有關。最近，在夜間明亮且氣溫變化不大的室內生活的狗，會有掉毛時間錯亂的傾向。

毛掉得很多的犬種

換毛期常見於溫帶以北的原產犬種。

雙層毛

從同一毛孔一併長出一根長外毛與數根短且柔軟的內毛。

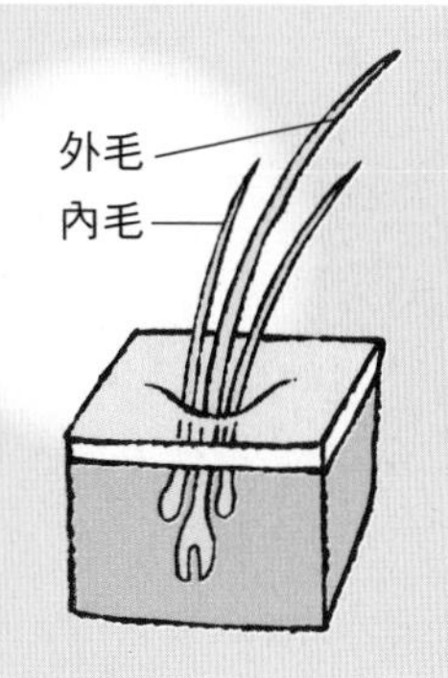

雙層毛犬種

- 柴犬
- 迷你雪納瑞
- 黃金獵犬
- 邊境牧羊犬
- 博美犬
- 喜樂蒂牧羊犬
- 拉布拉多犬
- 潘布魯克威爾斯柯基犬（Pembroke Welsh Corgi）

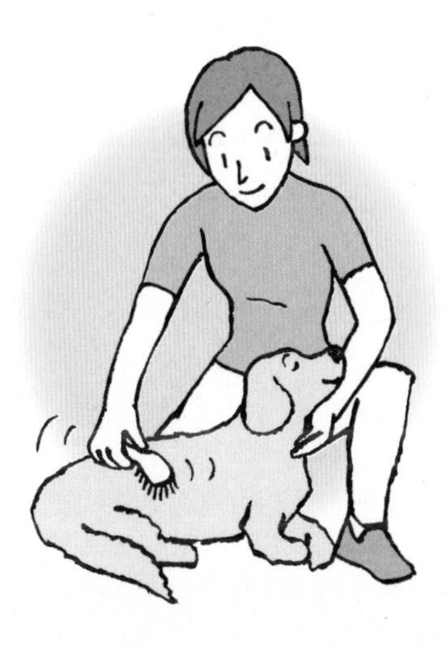

有時換毛期沒掉乾淨的毛會形成毛球，所以要小心地梳毛。

養在室內時使用**不同的梳理方式**，可避免掉毛在家中到處飛散。

保養 8

為什麼要斷尾、斷耳？

有的犬種為了配合犬展的標準，
在養育過程中切掉尾巴與耳朵以調整外觀。

斷尾・斷耳的理由是為了整形

所謂的**斷尾**，是指**切掉狗的尾巴**。**斷耳**則是**切掉部分的耳朵使耳垂立**。在古代是為了當成工作犬勞動時預防外傷等各式各樣的理由而進行斷尾或斷耳。即使在成為家犬存在的今天，仍持續有人以「看習慣了」、「覺得切掉之後比較酷」等**外觀問題**而切掉狗的尾巴或耳朵。

目前，英國、德國等數個國家的法律已禁止這種行之已久的作法。未斷尾斷耳的犬隻也陸續出現在犬展中。不過，現狀是這樣往往無法拿到頂尖的獎項，這也成為斷尾和斷耳無法根絕的原因之一。

深思熟慮有沒有必要讓愛犬這麼作

將剛生出來的小狗麻醉是很危險的，所以斷尾是在不麻醉的狀態下進行。為了促銷，寵物店的犬隻都是已經斷尾的。請繁殖者轉讓的犬隻，可要求對方不要切掉尾巴。不過，越是對犬種標準抱持一定方針的繁殖者，越有可能會切掉小狗的尾巴。

至於斷耳，通常在小狗出生後半年左右進行，**飼主可選擇是否要作**。由於是將耳朵的軟骨切掉一部分，十分疼痛。通常是由獸醫師替小狗全身麻醉進行外科手術，若是技術不佳，可能落得嚴重的後遺症。若是一般的家犬，**不斷耳而保留與生俱來的耳朵**，並不會影響生活。

狗尾巴是表達身體語言的重要部位。遭斷尾後就很難靠尾巴的表現傳遞訊息。

斷尾、斷耳的主要犬種

除下表所列，其他還有很多被要求斷尾・斷耳以符合犬展標準的犬種。

犬種	斷尾	斷耳
貴賓犬	○	—
拳師犬	○	○
雪納瑞（大小均同）	—	○
迷你杜賓犬	○	○
潘布魯克威爾斯柯基犬	○	—
杜賓犬	○	○

潘布魯克威爾斯柯基犬

未被斷尾的模樣

斷尾後

本來是當作趕牛犬。
斷尾的理由有：
- 避免被牛踩到而受傷。
- 為了免繳稅金。

等說法。

杜賓犬

天生的姿態是具有捲翹的尾巴和垂耳。覺得這樣的外觀顯得不夠精悍的人，會將牠斷尾、斷耳，整形成短短的尾和豎起的耳朵。

未被斷耳的模樣　斷耳後

疾病的預防　1

狗容易罹患的疾病

狗可能罹患的疾病有很多。飼主的責任是要能預防的疾病充分作好事先的防範工作。

接種疫苗可預防大部分的感染症

目前犬隻容易罹患的感染症，幾乎都可以靠**疫苗接種**加以預防。混合疫苗的種類分為3、5、7、8種。雖然施打8種混合疫苗防範視為全面，但對生活在都市的狗而言，會注入一些沒必要的疫苗。最好在接種前先和獸醫師商量，評估**愛犬的生活環境**等來判斷該注射何種混合疫苗。

保護愛犬遠離寄生蟲

若看到愛犬腹瀉、嘔吐、吃不胖或有吃沙和小石頭等異食癖時，有可能是**寄生蟲**方面的疾病。寄生蟲有兩類，一是進入體內的寄生蟲，二是跳蚤、壁蝨等寄宿體外的寄生蟲。這些寄生蟲有些是共生關係，體外寄生蟲多半會帶來體內寄生蟲的蟲卵。

寄生蟲會引起各種疾病。服用預防藥物或噴藥在身上就能預防。體內寄生蟲引發的疾病，大家最熟知的是由寄宿心臟的犬心絲蟲所引起的**心絲蟲病**（filariasis）。這是一種會演變成嚴重心臟病的可怕疾病，蚊子是主要的傳染媒介。不過，若在蚊子盛行期及其前後的每個月服用預防藥，能百分之百預防。要驅除造成皮膚病的跳蚤、壁蝨等體外寄生蟲，現在常使用滴在背部的液狀預防藥。任一種藥都**請接受獸醫師檢查後遵照指示使用**，保持**飼養環境的清潔**也很重要。

跳蚤、壁蝨預防藥，請務必到動物醫院取得。類似藥品市面也有販售，因為是忌避劑，請小心使用。

為何要每年抽血檢查心絲蟲病？

仔細聆聽獸醫師的說明，遵守事前檢查與服藥方法。

在蚊子盛行期之前，抽血檢查體內有無犬心絲蟲。

犬心絲蟲

有！

→立刻進行心絲蟲病的治療。

沒有！

→服用預防藥就OK。

①犬心絲蟲的傳染媒介「蚊子」吸食狗的血。

↓

②幼蟲進入狗的體內（感染）。

↓

③幼蟲不斷脫皮，在狗的血管內成長。

↓

④成蟲（白色細長形。大小約12至30cm）在心臟寄生。

↓

⑤成蟲數量增加。寄生數量多時可達100隻以上。會阻礙血液流動，使心臟的功能變弱。

↓

⑥成蟲產卵。蚊子將幼蟲和狗的血一起吸食後傳染給其他的狗。

藉由每個月服用一次預防藥，驅除穿梭於血管中的幼蟲（期間因地區而有所不同）

無蚊子期也要服藥，這是為了要確實殺光**前一個月**進入體內的犬心絲蟲。

若不作檢查，漏掉殘存在心臟的成蟲就開始服藥，死掉的寄生蟲會將血管堵塞。

每年開始服用預防藥之前，一定要先抽血檢查。

口腔的保養很重要

日本三歲以上的家犬約80%有牙周病，獸醫診療最需要投注心力的應該是「齒科」。

狗不容易蛀牙，但要注意牙周病！

人類會因蛀牙而煩惱，但狗是**不容易有蛀牙的生物**。狗口中的pH值（顯示物質水溶性的酸性・鹼性強度的數值。pH7.0為中性、超過7.0為鹼性、不滿7.0為酸性）不同所致。人類的唾液為pH6.8，接近中性，而牙菌會利用口內的糖分製造出pH5.4以下的酸，而侵蝕牙齒的琺瑯質造成蛀牙；而狗的唾液為pH8.3的鹼性。因此，就算口內有糖分也很難變成酸性，所以不太會有蛀牙。

由食物殘渣累積造成**齒垢**、**牙結石**，使細菌繁殖進而引起牙齦發炎是狗主要的口腔問題。**牙齦炎**的症狀若持續進展會引發牙周病，而細菌會隨著血流開始侵犯心臟，或造成關節疼痛。若更進一步惡化，會變成牙根腐蝕溶解的嚴重狀態。

近來因獸醫醫療與飼養環境的改變，狗的壽命延長。狗和人一樣，若在去世前盡可能保有天生的牙齒，才能活得健康。飼主應儘早養成**幫愛犬刷牙的習慣**來照護牠們牙齒健康。

乾狗飼料對牙齒好！？

有的飼主認為「給狗吃硬的食物，牙齒會比較好」，所以只讓牠們吃狗飼料。若將狗飼料譬喻為人類的食物，應該是煎餅。大家想像一下就可知道，啃食沒水分的煎餅，會有多少**殘渣殘留在牙縫中**。

要愛犬活得長久，清除食物殘渣，作好牙齒保健很重要。長期吃乾狗飼料的狗更需要刷牙。

檢視愛犬的口齒健康

仔細觀察愛犬的嘴巴和牙齒的狀態，
查看是否有令人在意的症狀。

要打開狗的嘴巴檢視時，以拇指與食指握住犬齒的後方。

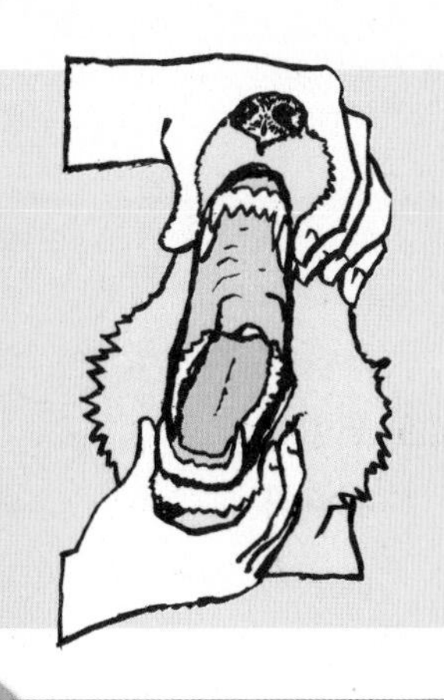

正常狀態

牙齦・舌頭	→稍帶點紅色，或呈粉紅色
牙齒	→乳白色

有這樣的症狀要注意！

強烈口臭	→口內炎？牙齦炎？牙周炎？
口水很多	→口內炎？牙齦炎？ （有時是因為過度緊張或害怕心理所造成）
牙齦或舌頭泛白	→貧血？
舌頭比平常紅	→發燒、內出血？
嘴唇紅腫	→牙齦炎？過敏？腫瘤？

**發現異於平常的奇怪症狀時，
為了慎重起見應帶到醫院接受診療。**

疾病的預防　3

讓愛犬享受刷牙的樂趣

許多飼主並沒有幫愛犬刷牙的習慣，但對壽命延長許多的狗而言，這是維護健康的重要照顧。

為保住健康的牙齒，從幼犬就開始習慣刷牙

大部分會懷疑「要替狗刷牙？」的飼主，都輕率地認為「狗年紀大了沒牙齒時，給牠們吃軟嫩的食物不就行了？」其實**牙周病不只是牙齒的問題**。若惡化下去，甚至有造成全身性疾病的案例。為預防發生這樣的疾病，狗和人一樣，日常生活就要養成**刷牙的習慣**。

對狗而言，碰觸牠嘴巴的四周，絕非自然的事。因此，突然碰觸牠的嘴巴要幫牠刷牙，牠當然會不喜歡。若能讓愛犬認為「**刷牙＝有好處**」、「**碰觸口內＝愉快的事**」，慢慢就會習慣了。

利用食物讓牠記得

人類的孩子也不是一開始就會刷牙。父母慢慢地教導，讓孩子習慣刷牙，狗也完全一樣。只有一點和人類的孩子不同，那就是可以活用狗不易蛀牙的特性，**將食物當成獎賞來教導牠們**。

只要牙刷能稍為貼著牙齒，就獎賞牠。稍微刷動牙刷，也犒賞。這樣反覆刷牙與獎賞，使刷牙時間變得愉快。就算要花上好幾個月才能刷到愛犬的牙齒內側或裡面的牙齒，**訓練牠們讓人自由碰觸口內，就能一輩子好好地照顧牠的牙齒**。

一開始，試著把稍微沾濕的紗布捲在手指替代牙刷。只以手指擦拭，也能清掉粘液或食物殘渣。

開始刷牙的習慣

狗的嘴巴四周很敏感，是不太想讓人碰觸的地方。
請小心地使牠習慣。

一開始以紗布擦拭

當狗不排斥時，改用牙刷清潔

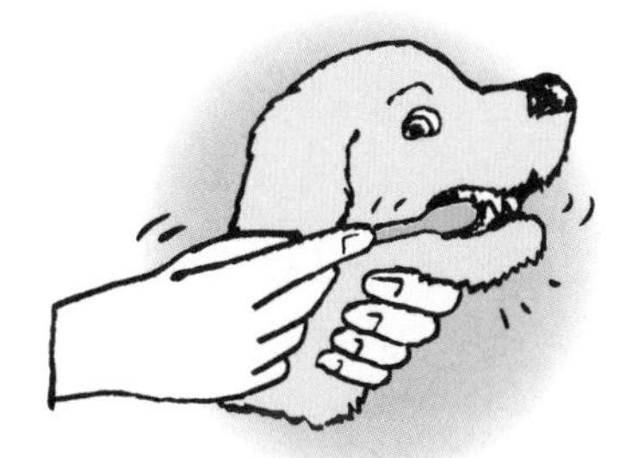

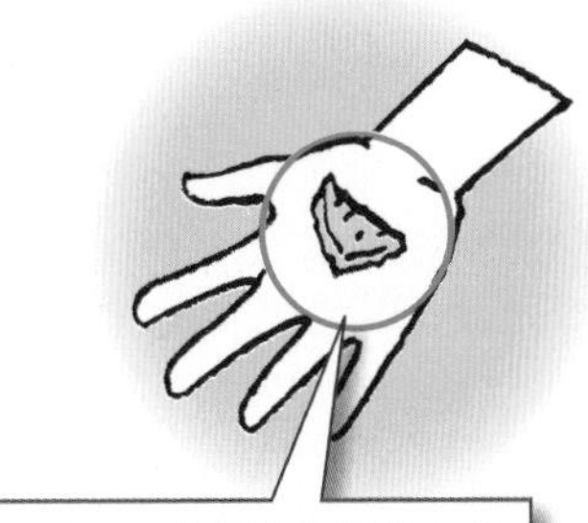

手裡經常握著獎賞牠的美食，讓牠習慣

易使狗討厭的作法

突然動手、強硬要作、按住伸進來、突然要撬開嘴巴讓嘴張大……

逃跑、暴走、亂咬，或一看到牙刷就狂吠、害怕……

不要抱著麻煩就算了的心態，只要飼主有耐心與恆心作訓練，不論是幼犬或成犬，多半都能辦到。愛犬能否養成刷牙習慣，還是要視飼主的態度而定。

生活習慣病從肥胖開始

隨著寵物朝賞玩的方向發展，罹患生活習慣病的犬隻也增加了。這些疾病大部分都是從「肥胖」開始。

肥胖的狗一點好處也沒有

「反正牠的一生很短暫，所以想讓我家的狗吃任何牠愛吃的東西」生長在這種概念下的肥胖狗，吃到很多人類的調味食品，或幾乎不運動地猛吃狗飼料及零食，飽受**生活習慣病**的折磨。

有的狗胖到關節疼痛而無法上下沙發或樓梯、無法用自己的後腳搔頭、舔不到屁股，或是想跑也跑不動……若症狀進一步惡化，會出現心臟疾病、腎衰竭、肝衰竭……身體到處都出現問題。甚至有狗罹患糖尿病，每天都要在家中注射胰島素。請飼主一定要記住，**罹患生活習慣病後，最辛苦的莫過於愛犬本身**。

狗會越來越像飼主？

家犬是配合飼主過日子。因此，有一說為「**狗的體型會和飼主體型相似**」。若是與愛好運動、注重飲食、體型修長的人生活，狗每天和飼主一起活動身體、吃適量的食物，便可以保有纖細的身型。而一天吃好幾餐、體型豐滿的人飼養的狗，通常會有吃得很多、不太運動而發胖的傾向。

有的飼主自在吃東西時，若愛犬一直盯著看就會忍不住餵食，這時一定要秉持著「**為了愛犬著想，不要餵牠們**」的原則。若飼主不過度餵食愛犬，牠就不會胖得很離譜，也就不會罹患生活習慣病。

獵犬被認為是容易發胖的犬種。由於必須潛入水中抓回捕獲的獵物，所以被改良成容易積蓄皮下脂肪的品種。

疼愛和寵溺是不一樣的！

理解狗的行為，不要給牠們過多的食物。

狗基本上是**無論吃多少都無法滿足**的動物。
一旦嘗到飯後只要賴著就能要到東西的甜頭，就會反覆這樣的行為。

對應方法

將食物藏在玩具中，不要一下子全部端出來。飼主在用餐時，讓愛犬集中注意力在玩具上。

愛犬會觀察飼主的行動，學會該怎麼作才能要到食物。若一直順應愛犬的要求給牠們食物，可能會損及牠們的健康。找出因應之道，讓彼此都能舒適生活。

疾病的預防　5

減重仍要提供滿足感

愛犬的健康管理是飼主的責任。藉由日常的飲食管理及運動來控制愛犬的體重，飼主責無旁貸。

狗並沒有飽足感

狗基本上只吃飼主給的食物。大體而言是「**給多少就吃多少」，這是牠們原本的習性**，從野生時代保留至今，一旦捕獲獵物，會盡其所能的塞進肚子裡。生活在「下一餐不知道在哪裡」的動物，都有這種習慣。因此，即使飼主會定期餵食，仍會出現「能吃多少就吃多少」的衝動。

費點心思，讓狗在不覺得饑餓的狀態下減少食量

狗雖然無飽足感，仍應避免驟然減少牠的食量。否則會導致家中愛犬啃咬有食物味道的物品，並開始出現求乞食的行為。飼主若露出「減量對牠未免太可憐」的表情，愛犬也能感受到這種微妙的變化。

和人一樣，**激烈手段的減重或減肥大抵都是以失敗收場**。請考慮以漸進方式幫愛犬減輕體重，例如善用市售富含食物纖維的減重狗飼料，或者增加蔬菜的份量取代部分狗飼料等，**換成有飽足感但低熱量的飲食**。而飼主最好也要作好**改變餵食的方法**的心理建設。採取少量多餐的方式，同時費點心思作變化，像是停止使用食器，試著將食物一粒粒藏在玩具中，讓狗一邊在遊戲中活動身體，一邊吃飯等等。

除了限制飲食之外，運動也是不可少的。肥胖的狗不必過度要求，重點在於讓牠慢慢步行，再逐漸拉長距離。

掌握狗的肥瘦程度

可參考「身體狀況指數」（Body Condition Score, BCS），檢視愛犬的體型。

	肋骨	腰部	体型
1.削瘦	無脂肪覆蓋，很容易就摸到肋骨。	無脂肪覆蓋，骨頭突出。	由側面看，腹部嚴重凹陷；從上面看，非常像滴漏的形狀。
2.體重不足	很少量的脂肪覆蓋，很容易就摸到。	僅少量的脂肪覆蓋，骨頭突出。	由側面看腹部有凹陷；從上面看像滴漏的形狀。
3.理想體重	少量的脂肪覆蓋，仍可摸到。	少量的脂肪覆蓋，輪廓平滑，可摸到骨頭。	由側面看，腹部有凹陷；從上面看有一定的腰身。
4.體重過剩	適量的脂肪覆蓋，不容易摸到。	有些增厚，勉強可摸到骨頭。	由側面看，腹部無凹陷；從上面看幾乎沒有腰身，背面略微寬廣。
5.肥胖	肥厚的脂肪覆蓋，很難摸到。	肥厚，很難摸到骨頭。	腹部突出，從上面看沒有腰身，背面明顯寬廣。

※理想體型依犬種而異，BCS指標並非絕對值。

再配合體重數值、體格及體型的視覺判斷、皮下脂肪的堆積程度及觸診等，綜合研判。

與獸醫師商量，尋求診治。

狗飼料安全嗎？

對忙碌的現代人而言，狗飼料既簡單又方便。由於種類眾多，飼主必須懂得如何精挑細選。

狗飼料的成分是什麼？

2009年，為確保寵物食品的安全，日本實施了「**愛玩動物用飼料安全性確保法（寵物食品安全法）**」。在此之前，針對寵物食品的原材料標示義務或成分，並無任何法規依據。然而就在2007年，美國發生了寵物食品混摻有害物質，導致動物大規模受害的事件，以此為契機，日本也對於寵物食品安全性的基準及規格等進行檢討。

選購寵物食品時，請查看包裝上的**標示欄**。考量安全性，最重要的莫過於挑選添加物及防腐劑等人工合成物越少的越好。然後試著檢視使用了哪些**原材料**。基本上會由成分最多的依序往下排列，若排在最前面的是玉米粉，就表示這個狗飼料的玉米粉含量最高。另外，若列出「雞副產品」，指的不是雞肉，而是鷄冠、雞喙、雞腳及雞翅等磨成的粉末。以這種方式逐一比較內容與成分，就能以銳利的眼光研判「**這是不是真的適合當成愛犬的食物**」。

不必持續吃同一種狗飼料

「狗飼料要一直吃同一種才行」，這是很常見的誤解，請找出三種至四種滿意的商品，輪流或適度混合餵食愛犬。分散製造商，就可以避開原材料偏廢的問題。只要身體狀況沒有出現異常，**使用混合狗飼料稱得上是好方法**。

狗飼料從高熱量的幼犬專用，到低脂、低蛋白質的年長專用，一應俱全。還有配合年齡別製造的商品。

注意保存方式

食物攸關性命，請注意購入後的保存方式。

乾狗飼料

外面包覆一層油，注意會氧化！

- **購買小包裝**，儘快吃完。
- 放入密閉容器，置於陰涼處保存。

營養均衡，可當主食，也可撒在肉及蔬菜等上面，注意素材不要過度單一。

濕狗飼料

開封後，風味及品質會很快產生變化。

- 不要放在食器內不管。
- 未吃完的部分放進冰箱保存，盡量當天吃完，或分成小包裝冷凍保存。

接近手作食物的口感，嗜吃度高，價格也較貴。在愛犬無食欲時搭配使用也是一個好方法。

零嘴類（雞肉乾及牛肉乾）

- 開封後，確實封好再放進冰箱冷藏（一般約在兩週內吃完）。
- 只從冰箱取出要餵食的部分。

可當成獎賞，在與愛犬溝通交流時使用。

好的手作狗食

市售的狗飼料雖然方便，卻也產生一些問題。在此趨勢下，有越來越多飼主餵食愛犬手作食物。

手作食物的優點

狗飼料雖然方便，但以穀類為主成分的飼料容易導致肥胖。狗是肉食性動物，比起植物性蛋白質，身體更需要的是動物性蛋白質。以穀類為主的狗飼料在多種意義上會造成狗們的身體負擔，成為腸胃道疾病增加的原因。

了解「生活營養學」的獸醫師們出版了不少與狗食有關的書籍，想親手作東西給愛犬吃的人，可以作為參考。當令、在地、多一些貼近狗原本生活的蛋白質或礦物質狗的飲食和人的飲食其實是相同的感覺，再也沒有比在家裡調理、充滿營養及感情的手作食物更好的。開始吃手作食物後，眼屎減少了、體味也沒了、大便變小，疾病銳減。不過，飲食中的水分變多，份量若不足就可能變瘦，這部分要再設法改善。

在能力範圍內製作

覺得「沒時間作」、「對營養方面沒把握」的人，可以繼續餵食市售狗飼料。**作起來心情愉快才是最大重點**。在我家，**吃市售狗飼料也吃手作食物**，我家狗也因「好好吃啊！」而覺得高興，曾經一起生活的愛犬直到臨終之際都能好好吃飯。對狗而言，「吃是一件愉快、開心的事」，也是**生存的動力**。

好幾代都是持續吃以穀物為中心的狗飼料，腸胃已經適應的狗，有時吃肉反而會拉肚子。

對愛犬而言什麼是幸福的飲食？

有獸醫師說，「是只吃營養均衡的好狗飼料」、為什麼呢？

每天的飲食是件大事

愛犬喜歡吃

可維持愛犬的健康

在經濟或準備上都不會造成飼主的負擔

習慣吃各種食物，豐富味覺。

如果在社會化期間除固定狗飼料外沒吃其他食物，味覺會就此固定下來。狗的認知變成「**這個以外的東西不是食物**」。

隨著年齡增長，當沒有力氣再吃狗飼料，又無法吃其他食物時，狗的體力會立刻變差。

在震災等非常時期，狗若不吃普通的食物或收容所供應的狗飼料，就無法活下去。

地震等災難中獲救的狗，若什麼東西都吃，因為擁有「生存的力氣」而得以度過難關。

爸爸到哪裡去了？
我肚子好餓啊～

若飼主覺得有負擔，就不必勉強硬要製作狗食。不過，以「除了狗飼料之外，不餵食其他東西」的方式飼養狗，在營養上是否會不夠完善呢？

狗狗禁吃的食物

不能比照野生動物來判斷家犬禁吃哪些食物。由於狗是眼前有什麼就吃什麼的動物，所以有必要多加注意。

生活中有許多危險物品！

我們平常吃的食物中，有一些對狗是有害的，例如所有的**蔥類**，不論是**洋蔥**或**長蔥**一律禁食。**巧克力及葡萄（葡萄乾）**也不可以吃。

黃金葛及**常春藤**等生活中常見的**觀葉植物**也有危險性，很容易被忽略。狗啃咬後有中毒之虞，要放在牠們搆不到的地方。養在庭院的狗如果口冒著泡倒下，可能是咬到了**蟾蜍**。蟾蜍會分泌一種稱為bufotoxin的毒素。

除此之外，發燒時的**退燒貼布**及**殺蟲劑**等，也要小心勿讓愛犬誤食。**醫藥品**尤其要特別注意。有人會將人類用的止痛或頭痛藥劑剁成小片給狗吃，結果造成身體出現異常，帶到醫院就診的不在少數，請不要再這麼作。

也有對食物過敏的狗

有的狗**會對特定的食物過敏**。例如原本想以豆腐渣及寒天製成的食品幫愛犬減重，不料卻出現大豆過敏或寒天過敏。**若有搔癢或拉肚子等症狀，請停止餵食，立刻帶去看獸醫**。狗和人一樣，最好避免使用單一的食物來減重。

作給狗吃的蛋糕，可以長角豆取代巧克力，不論顏色或風味都很接近。

對狗特別危險的人類食物

會引發中毒症狀，甚至死亡。

蔥類

會破壞狗的紅血球，出現溶血作用，引起**貧血**或**血便**。含蔥類萃取物的湯汁同樣有危險性。

巧克力

含二甲基 嘌呤的成分，會引發**嘔吐**、**腹瀉**、**頻尿**、**呼吸過度**、**昏睡及急性心臟衰竭**等中毒症狀。

葡萄（葡萄乾）

據說危險的是皮，但原因不明。會出現**食欲不振**、**腹瀉下痢**、**腹痛**的症狀，以及血鈣升高引起**急性腎衰竭**。

症狀表現有個別差異，例如有的小型犬吃一塊巧克力不會有事，有的吃上一口就得馬上送醫。容許量雖各不相同，但最重要的不要讓狗誤食特別危險的東西。

為愛犬結紮也是守護牠的表現

愛犬意外懷孕，對狗及飼主都是負擔。接受結紮手術可以預防生殖器疾病，在行為學上也有一定效果。

無法獲得滿足的性欲會轉換成壓力

有人對於讓愛犬接受結紮手術有抗拒感。除非有計畫要繁殖後代，否則**家犬建議還是結紮**。對狗而言，無法獲得滿足的性欲會變成壓力，遭到抑制的公犬會反抗飼主或逃跑，發生走失或發生意外的狀況。反觀接受結紮的狗，不僅減輕性方面的問題行為或壓力，還能預防疾病，有資料顯示**平均壽命比未結紮的多出1.5歲**。

結紮的最佳時期

出生後三個月左右就可以接受結紮手術。之後幾歲都能作，只是**幼犬時期**不必擔心因年齡帶來疾病，加上體脂肪少，**是最適合手術的時期**。公犬在作記號以前，母犬在發情（外陰部腫大，開始出血）前手術，效果最好。尤其是母犬，在發情前結紮可降低罹患乳癌的機率。直到高齡都放著不結紮，不論公犬或母犬，確實較常出現生殖器疾病。而且容易併發其他疾病，提高手術的風險。

手術後，食欲及睡意會取代性欲增加，容易變得肥胖。請透過飲食管理及運動來防止過胖。

結紮的優點

對獸醫學或行為學而言，都是重大的手術。

身體上的效果

公犬去勢

可預防：

①睪丸腫瘤
②前立腺疾病
③排便困難、排尿異常
④肛門周圍腫瘤
⑤會陰疝氣
⑥皮膚病

母犬結紮

可預防：

①卵巢疾病
②子宮疾病
③乳腺病變
④皮膚病
⑤假性懷孕

社會性效果

①減少幼犬因不被期待的繁殖**而遭丟棄**。
②降低與其他狗的「性」趣，**減少喧嘩**。
③減少在外排便及排尿的次數。

行為學上的效果

①情緒及情感都較穩定。
②**無性欲上的壓力**。
③**作記號及交尾姿勢**減少。
④避免因發情而弄髒室內。

幼犬應特別注意的事項

狗和人一樣，在年幼時免疫力低，也比較沒體力，一點小事就可能讓健康急速惡化，要多注意。

容易得到感染症及腹瀉

幼犬得自母體的免疫力在出生後兩個月左右就消失了。失去免疫力的幼犬對於病毒毫無抵禦能力，很容易受到各種感染症影響，最壞的狀況可能因此喪命。因此，除了接種疫苗之外，還要定期接受健康檢查。

幼犬因胃還小，若單次餵食過量，無法消化下就會拉肚子。最好是挑好消化的食物，少量且一天分數次餵食。另外，伴隨環境變化引起的腹瀉也很常見，可能是精神上的問題、太冷或太熱、食物所引起原因。有的感染症的初期症狀之一也是腹瀉，平時就要檢查愛犬的大便，一察覺不對勁，就立刻帶去看獸醫。

有很多因誤食而進行開剖腹手術的病例

好奇心旺盛的幼犬，最需要留意的是**誤食意外**。家中的所有物品，對幼犬而言都是啃咬的玩具。橡皮筋、夾子、飾品等小東西很容易就吞下肚，香菸、藥品、清潔劑等一旦誤吞也很危險，應收放到愛犬無法取得的地方。基本上，**房間不要置放多餘的物品**。

萬一誤吞了異物，不要妄加判斷，否則會很危險。處置方式依吞下的異物、異物停留的位置等而有所不同，請立刻聯絡動物醫院尋求協助。

幼犬容易啃咬位於其視線高度的插座。為了預防觸電或漏電等事故，加上插座套會比較安心。

認識可怕的感染症

接種疫苗，可防止愛犬感染。

感染症名稱	主要症狀	混合疫苗		
		5種	7種	8種
犬瘟熱（distemper）	未滿一歲的幼犬發病率高。症狀有發燒、腹瀉、食欲不振。病症持續進展，會出現神經系統症狀，有生命危險。**感染途徑：**接觸感染、飛沫感染、胎盤感染。	○	○	○
犬小病毒感染症（parvovirus）	傳染性強。分成突然死亡的心筋型及伴隨血便的嚴重腹瀉、嘔吐的腸炎型。**感染途徑：**病毒污染物的接觸感染、胎盤感染。	○	○	○
傳染型肝炎（adenoviruses I 型感染症）	從發燒、食欲不振等輕微症狀，到併發肝炎而死亡。幼犬感染後有可能突然暴斃。**感染途徑：**經口感染、經鼻感染。	○	○	○
傳染型肝炎（adenoviruses II 型感染症）	出現發燒、咳嗽、扁桃炎、肺炎、支氣管炎等呼吸器官疾病。**感染途徑：**接觸感染、經口感染、經鼻感染。	○	○	○
副流感（parainfluenza）	出現、鼻水、扁桃炎等與人感冒時十分相似的症狀。**感染途徑：**經口感染、經鼻感染。	○	○	○
鉤端螺旋體（leptospira）感染症（出血性黃疸型）	侵犯肝臟及腎臟的傳染病，人也會受到感染。出血性黃疸型為出現黃疸、腹瀉、牙齦出血。血清型為高燒、嘔吐、腹瀉，病情惡化會變成尿毒症。**感染途徑：**污染物經口感染、黏膜感染。		○	○
鉤端螺旋體症（血清型，canicola）			○	○
冠狀病毒（coronavirus）感染症	除了食欲不振之外，會引起嘔吐、腹瀉等腸炎。幼犬的症狀易惡化，合併犬小病毒使病情加重，有致死之虞。**感染途徑：**經口感染。			○

不要讓吃藥成為討厭的事

到醫院就診後，獸醫師可能會開立止瀉、止咳或止痛的藥劑。愛犬能否乖乖把藥吃了，要靠飼主想方設法。

狗不會懂非吃藥不可的道理

我們可以向人類的孩子解釋，「吃藥是為了把病治好」，而狗無法理解「吃了藥才會舒服」、「吃了藥就不會疼了」的道理。所以總是會有狗討厭吃藥或把藥吐出來。**正因為不明白吃藥的意義，所以得想出讓牠們好好吃藥的方法。**

要怎麼作狗才不會討厭吃藥？

關於餵藥的方法，獸醫師的說明大多是：「打開牠的嘴巴，將藥放入深處，再立刻將嘴合上，臉朝上，喉嚨上下動一動，藥就容易吞下去了！」不過，未經過練習，有的飼主並不容易作到。要是沒有自信，**可將藥混在食物中餵食**。**但必須事先向獸醫師確認**，若有不宜混入食物的藥品，就只能好好練習基本的餵藥方法。

可和食物一起吃的藥物，雖然可混入食物中，但有的狗會察覺出味道，巧妙地單獨將藥吐出來。那麼就再想想其他的方法，像是**將藥磨碎埋入牠喜歡的起司，或是狗飼料泡水捏成丸子再將藥摻進去**等。愛犬如果還是很挑剔，可以**一直丟牛肉乾等給牠吃，再利用空檔快速將藥丟入口中，絕大多數的狗都會順勢吞進去**。此外，磨成粉再混入液體一起喝下也是一種方法。

在餵藥時，飼主要注意不要露出，「不知道牠能不能把藥吃下去」的擔憂表情，愛犬會敏銳察覺。

從小就練習張嘴

反覆讓愛犬記得「把嘴打開，會有好事」。

若只在餵藥時才要牠張嘴，結果是……

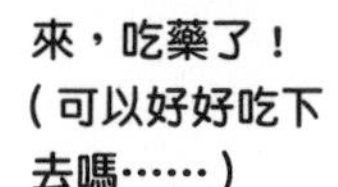

咬、吐、吃進去又吐出來……

無法好好餵藥的狀況

- 嘴巴張不開。
- 藥放不進去口中深處。
- 無法適時合上嘴巴。

果然不是好事！
↓
討厭將嘴張開！不愛吃藥！

從平常就以狗飼料等展開張嘴練習

養成張嘴習慣，萬一隨便撿東西吃，**也可以取出含在嘴裡的東西**。

發生好事！
↓
喜歡張嘴！
習慣後餵藥就沒問題。

狗對疼痛鈍感？

狗無法以語言來表達疼痛或痛苦，所以從平時就要仔細觀察愛犬的狀態，別漏掉任何異常現象。

事先掌握愛犬的正常狀態

狗被認為「對疼痛鈍感」，但還是有個體上的差異，有的狗也會小題大作的作出疼痛狀。**狗對於痛的感覺也和人稍有不同**，在某些層面上比人敏感，某些又比較遲鈍，例如玩耍時即使受傷，仍若無其事的跑來跑去，一般而言狗有忍受疼痛的傾向，即使如此，痛就是痛，難受就是難受，請**成為能敏銳察覺無法說話的愛犬在身體與行為上有何變化的飼主**。

首先要作的是，**掌握愛犬的正常狀態**。養在庭院，只在散步及吃飯時間才看看牠們的飼主，容易發生像是愛犬得到腫瘤卻未察覺，一直沒處理而導致病情惡化之類的狀況。所以，每天都要以觀察的態度，觸摸愛犬，和牠互動，及早發現異常之處。

發現異常就去看醫生

能否培養敏銳度，偵測出愛犬的奇怪變化，是飼主非常重要的職責。一旦感到不安，請相信自己的感覺，**儘早帶到動物醫院檢查。不要心存僥倖而有「再觀察一個晚上看看」的想法，可能會因遲疑而留下難以挽回的遺憾**。即使檢查結果並無大礙，也花了看診費與時間，若**能夠換來安心感，未嘗不是好事。**

有的狗突然咬飼主，其實是因為身體正承受著痛苦。生病引起的問題行為也要小心注意。

每天都要仔細觀察愛犬的變化

請每天觸摸愛犬的全身，觀察有無異常。

耳朵
有無污垢及異味？
要注意耳垢多、流耳油、有異味、搔癢等狀況。

皮膚及毛
有無光澤與彈性？
要注意膚垢、脫毛、搔癢、變色等狀況。

眼睛
是否炯炯有神？
要注意眼屎、充血、腫大、滿眼淚水狀等狀況。

嘴巴
口臭及流口水？
要注意口水很多、強烈口臭、嘴唇腫起、呼吸狀態等。

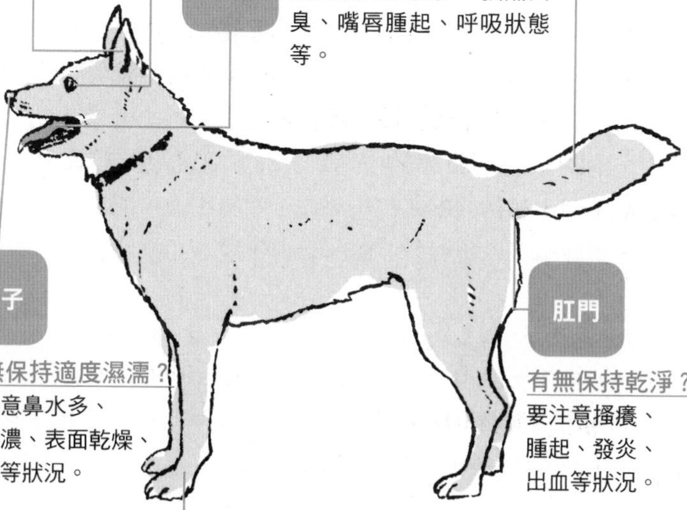

鼻子
有無保持適度濕濡？
要注意鼻水多、鼻水濃、表面乾燥、鼻血等狀況。

肛門
有無保持乾淨？
要注意搔癢、腫起、發炎、出血等狀況。

腳
維持平常的走路方式嗎？
要注意有無拖行、碰觸會痛、腫大等症狀。

其他檢查重點

食欲
吃得津津有味嗎？
要注意食欲不振、有吃飯卻變瘦等症狀。

排泄物
顏色、狀態、量及次數等如何？
要注意腹瀉、便秘、頻尿、血尿、尿白濁等狀況。

早期發現遺傳性疾病

血統純正的犬種，容易得到遺傳性疾病。為了預防萬一，請事先對這類疾病有所認識。

掌握遺傳性疾病的相關資訊

純種犬的繁殖行為受到人類的控制。原則上，有遺傳性疾病因子的犬隻，並不應該進行交配。然而，繁殖工廠（P.52）等以利益為優先的繁殖業者，以及無專業知識的門外漢，繁殖了許多具有**遺傳了疾病因子的幼犬**。

遺傳性疾病大致會隨著成長而出現症狀。一般最常見的是**髖關節發育不全**，這是連接大腿骨與骨盆的關節鬆脫，周圍的軟骨或筋肉變形導致關節發炎的疾病。另外還有膝關節滑脫的**膝蓋骨脫臼**、視網膜萎縮無法正常運作的**進行性視網膜萎縮**、眼壓過高引起視覺障礙的**青光眼**、小腦或部分腦幹自頭蓋骨擠入脊椎的**基亞里畸形**等各式各樣疾病。犬種不同，遺傳的疾病也不一樣，針對愛犬可能罹患的疾病，慎重起見，最好事先蒐集資訊，萬一發病，才能早期發現。

有的可接受外科手術治療

當遺傳性疾病出現症狀時，飼主必須要有一輩子都要和它相處的覺悟，**早期發現就能早期治療**。如以藥物等**緩解愛犬的負擔**，還能延長壽命等。且有的疾病可經由外科手術治癒。

即使被診斷為遺傳性疾病，若能接受適當的治療，可延緩病情進行，讓愛犬免於承受更多痛苦的照護。

感覺異常就到動物醫院就診！

以髖關節發育不全為例，說明疾病的徵兆及治療方法。

髖關節發育不全

疾病的徵兆

- 拖著腳走路。
- 開始步行時出現僵硬狀。
- 散步途中會蹲坐著。
- 不喜歡跑步。
- 不喜歡上下樓梯。
- 變得不肯跳躍。
- 多半是躺著，站起來有困難。
- 頭朝下勉強走著。
- 走路時腰部左右搖晃。

治療方法

保存性治療（內科療法）

- 限制體重（減少食量）
- 藥劑（消炎鎮痛劑、軟骨保護劑）
- 復健
  - ・運動療法
  - ・物理療法（雷射、溫熱療法）

外科治療

- 切除關節成型術
- 骨盆三處截骨術
- 更換人工髖關節手術等

當愛犬身體出現障礙時

當愛犬因遺傳性疾病及意外事故，導致身體出現障礙時，飼主不要老是愁眉不展，盡可能讓牠作可以作的事。

狗看不見也能習慣

和人一樣，狗也可能因生病或意外等原因，導致眼睛失明。面對這樣的事，飼主常會說出「如果能更早發現……」、「要是當時沒把窗戶打開……」之類懊悔不已的話。眼看著原本活蹦亂跳的愛犬下半身行動不良，或因眼睛看不見而撞到家具，飼主經常因心疼愛犬痛哭到崩潰。

殊不知狗是正面到令人驚訝的動物。無視於陷入悲傷的飼主心情，**體力一天天地恢復，變得越來越有精神**。

飼主要轉換自己的心情！

飼主哭得再傷心或再怎麼懊悔，愛犬失去的腳也不可能再接回來、失明的眼睛也無法重見光明。若是為愛犬的幸福著想，**應該要轉換心情，找出對愛犬最佳的方法**。悲傷過後，要積極向前看，畢竟愛犬還活著陪伴在身旁。

例如，為腳不方便的狗**訂製犬用輪椅**，也可以去見習導盲犬的訓練，**讓飼主帶領眼睛看不見的愛犬**。現在是只要依靠電腦，就能取得各式各樣知識的時代，網路上有許多與身體障礙狗有關的資訊，不妨多想想如何善用這些資訊，以**維持愛犬的生活品質**。

狗是不會作比較的動物，如果因工作等無法充分照護，別太強求，只要盡自己最大的努力就可以。

蒐集資訊，營造舒適生活

度過難關，過著和以前一樣幸福的生活。

只要找到合身的輪椅，可以再開始最愛的戶外散步。

因為耳朵和鼻子的感覺都很敏銳，失明後還是可以在家中走動。

重要的是不要突然更動家中擺設，
有高低差的地方加裝圍欄等。

得知愛犬生重病

隨著壽命的延長，罹患癌症及心臟疾病的犬隻持續增加。要如何加以治療，取決於飼主的選擇。

狗也會得癌症

疫苗接種的普及，降低了感染症的發生率，現在**癌症（惡性腫瘤）、心臟疾病及慢性腎衰竭**，成為犬隻的**三大疾病**。尤其狗是哺乳類中最容易得到腫瘤的動物，罹癌的比率遠高於人類。

當發現愛犬罹患特殊疾病或重病時，「為什麼是我家的狗？」不少飼主衝擊太大與悲傷過度而拒絕讓愛犬接受治療。其實，即使是罹患癌症，接受專門的治療也有戰勝的可能，亦不乏與癌症和平共處的病例。不要一聽到病名就覺得「沒希望了」而放棄，請針對疾病與治療方法進行徹底的調查，然後**備妥一些能說服自己的治療方案，為愛犬盡最大的努力**。

選擇對愛犬最佳且自己也可接受的治療方式

愛犬要接受何種治療，**取決於飼主的態度**。現在獸醫已十分發達，犬隻也能進行腎臟及心臟移植等，只要願意，**就可以和人一樣接受高度的醫療診治**。除了尋求專科醫師，商討治療方法，還可考慮以民間療法或東方醫學減輕愛犬痛苦。另一方面，應該也有人覺得四處查閱疾病的方式並不適合自己。如果相信平時看診的獸醫師，想委託他處理，就沒必要勉強自己蒐集調查。總之，飼主盡最大努力，**不讓自己留下遺憾**才是最重要的。

癌症占犬隻死亡率的四成以上，若能早期發現，給予適當治療，就可提高存活率，減輕愛犬負擔。

什麼才是對愛犬幸福的選擇？

請飼主為犬選擇最佳的治療方法。

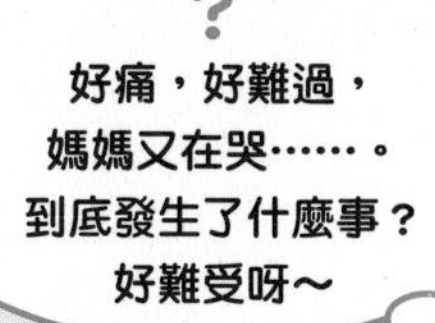

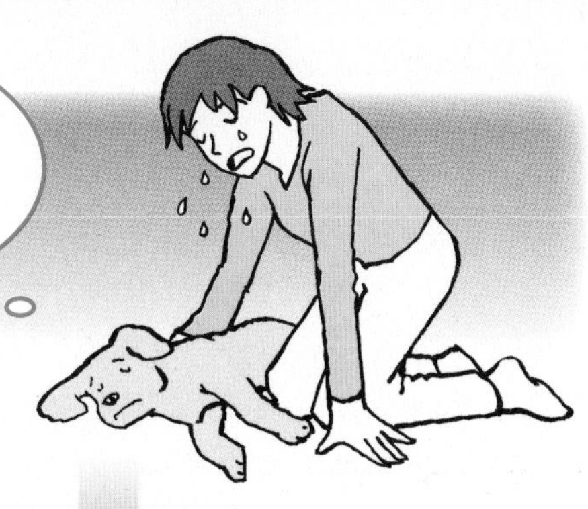

飼主傷心難過，
愛犬的心情也跟著沉重起來。

正向面對疾病！

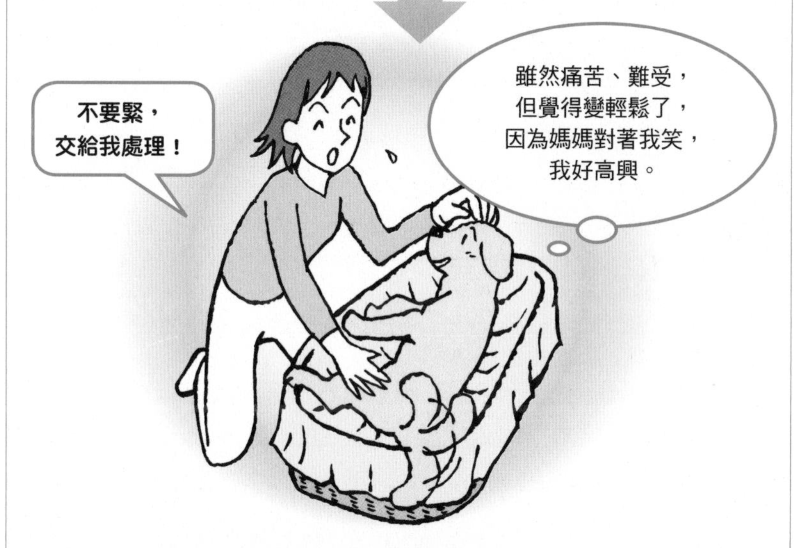

飼主面對事實，讓愛犬接受治療，
給予更多的疼愛，愛犬的情緒也會變好。

狗並不知道什麼是癌症，對現在還活著的牠們而言，「解除疼痛」、「不再難受」、「受到疼愛」的願望得以實現才是最要緊的。飼主努力作到上述的條件，愛犬就會感到得很幸福。

專門醫生的治療與安寧療護

獸醫師有各自拿手的專業領域，尋找擅長診治愛犬疾病或傷勢的專門醫師，也是飼主的選項之一。

尋找會一併考量治療方針的獸醫師

動物醫院在診治犬、貓、鳥及小動物等各種動物上，從內科、外科、婦產科及至身心科等，有各種診療。所以比起人醫，獸醫師必須更多面向的學習。**一位獸醫師要各個領域都很在行是很困難的，還是會有擅長與較不擅長之別**。所以，就像看牙會盡可能找一個技術很好的牙醫，看獸醫也是一樣的道理。

為了避免後續遇到不幸的麻煩事，飼主要選擇自己可以接受的治療方式。因此，有的人會諮詢第二意見（主治醫生之外的其他醫生意見），或轉院治療。而真正優秀的獸醫師仍會**持續給予飼主治療的選項，並適度提供建議**。確實作好知情同意（Informed Consent）的獸醫師是站在飼主與愛犬的角度，與飼主商量討論，例如「如果選擇這個方法，那麼去找那裡的醫生會比較好」，並幫忙介紹專門醫生，或者說：「如果要作到這個階段，我們醫院就可以作了，你覺得呢？」

利用安寧療護也是一個選項

愛犬因生病而臥病不起，若飼主因各種事務纏身而無法充分給予照顧部分動物醫院或設施單位設有安寧療護（Hospice），雖然數量很少，但真的有照護困難的人，可以事先調查並善加利用。

動物醫院不會掛出專門醫生的看板。但是高品質的診療還是會口耳相傳，只要稍加打聽就可以找到。

訓練愛犬不怕治療或上醫院

充分社會化的狗，帶到哪家醫院都OK。

社會化的狗

- 喜歡醫院
- 喜歡人
- 不會抗拒醫院的籠子，能好好睡覺

任何治療都能適應

未社會化的狗

- 討厭治療
- 討厭被觸摸
- 不喜歡陌生人
- 害怕陌生的地方

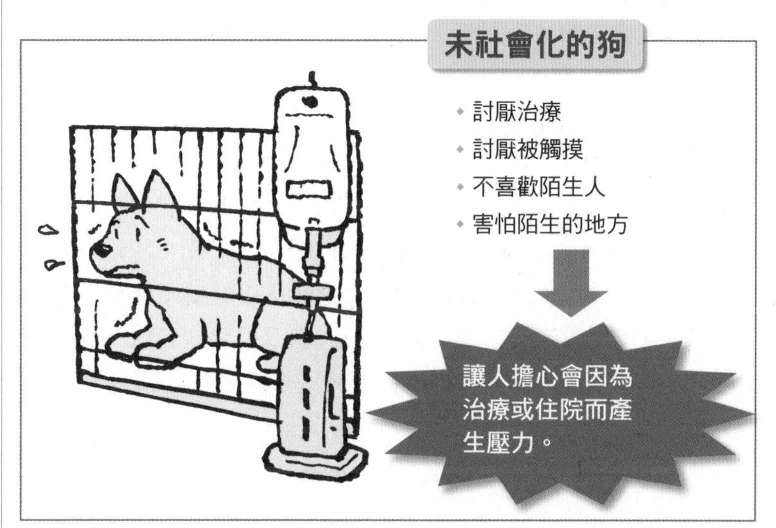

讓人擔心會因為治療或住院而產生壓力。

社會化不只在幼犬時期，而是終生都要作。從幼犬就開始習慣醫院，成長後也能持續維持，這是一大重點。

狗也有保險

狗看病，政府並未提供任何保險，但隨著寵物的家族化，有的私人保險公司推出相關的動物保險。

疾病・受傷的保險

當愛犬為疾病所苦，或遭逢意外事故，若是無法籌措到醫藥費，會是一件多麼令人傷心難過的事。如果有購買**保險**，也許就能補貼這部分的費用。為避免陷入這種困境，購買保險可說是上上策。

最近，日本的寵物店等也會建議顧客買保險。購買前，務必要先確認是不是**到任何一家醫院看診都適用**。有的保險只適用於極少數醫院，理賠手續系統又十分麻煩，這些都必須事先弄清楚。

保險內容不同，理賠的內容也就不一樣。基本上疫苗及預防藥是排除在外的，只適用疾病及受傷，給付的比例與需自費項目也**依保險公司而異**。

發生事故時的損害賠償

除了醫療之外，**愛犬造成他人損害時的保險**，也可列入考慮。很多人都認為「我家狗不會咬人」，但偶爾還是會發生意外。

例如，當愛犬叼著球玩時，旁邊的孩子要搶過去，「碰到牙齒，流血了！」，有的父母也會如此大作文章。或在玩耍時衝撞到路人，使人受傷、損壞了器物等。如果飼主有為自己投保，可以在要和狗一起生活前，先向保險公司諮詢有關動物保險的商品。也有保險公司販售人和犬套裝組合的保險商品等。

犬傷到人，曾有請求判賠一千萬日圓以上的案例。針對現代社會潛藏著意想不到的風險，還是要事先有所認識。

保險的好處

適用活用保險，就有可能接受費用高昂的高度醫療，
也能有較多的治療方法可以選擇。

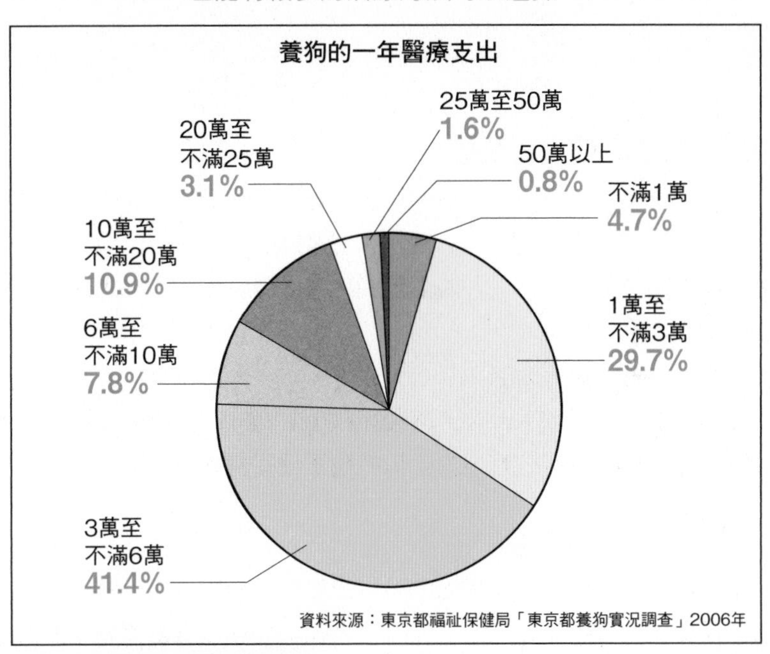

如果未購買保險……

診療費100%自付 有時費用會很高。

若不夠錢時，會延誤帶愛犬去醫院的時機。

病情持續進行，惡化風險升高。

如果買了保險……

部分診療費由保險公司支付 出現萬一時可減輕負擔。

不必擔心診療費，可及早接受治療

早期發現疾病或受傷狀況，早期治療。

狗狗的老年期　1

上了年紀的狗有哪些變化？

老化依犬種而異，個別的差異也很大。任何一隻狗只要超過10歲，請都把牠當成是「步入老年期」。

狗從什麼時候開始老化？

狗的老化速度遠快於人類。狗的年紀常被換算成人類的年齡，但那只是的參考，實際上依犬種而有所差別。一般而言，小型犬約在**8歲過後**步入老化，中型犬在**7歲至8歲**。大型犬比較快的約**6歲**就出現老化症狀。

長壽犬的增加，尤其是日本犬種等，氣候因素合宜，許多都活到14歲至15歲。撇開這一切，**只要超過10歲，對於至今有愛犬陪伴的快樂時光，都應該抱持感謝的心情並給予牠妥善的照顧**。

營造適合愛犬的環境

隨著年紀增長，愛犬開始出現各種變化。運動量減少容易發胖，罹患心臟疾病及癌症的風險也提高了，飼主宜**在飲食及運動上多費點心思，並定期接受犬隻健檢**。檢查和診療的機會增加，因此能**習慣到動物醫院，也是狗老化後的一項重要準備**。

體力的衰退，大抵是從**眼睛**開始。由於視力減退，請不要突然更動家具擺設，地板也要止滑，並減少高低差，在愛犬的活動動線上裝設足下燈。因體溫調節也變差了，可在多個地方放置寵物床，以便隨夏天、冬天自由更換睡覺位置。為了讓愛犬擁有舒適的生活，不妨多營造一些項目供愛犬選擇。

日本的犬隻健檢顧名思義是犬版的健檢。要住院半天，採集血液及照射X光等整套的健康檢查。

老化依犬種及生活環境而有所差別

超大型犬需要及早照護。

超大型犬的一般年紀算法

0歲至1歲	幼犬期
1歲至2、3歲	成長期
3歲至5歲	成犬期
6歲以上	老犬期

大型犬年紀越大心臟的負荷越重，身體上的風險相對提高。這個部分和其他犬種相比要快上許多。

不要打破長年的習慣

儘量維持從年輕就開始的習慣。

在外面上廁所的狗
每天帶去散步，儘量讓愛犬自己走路。

喜歡玩投接球的狗
就算只是把球放在面前也好。如果叼住了，就讚美牠。

散步
一邊調整步行的距離，一邊繼續散步。對於下半身無力的狗，可用推車帶去散步。

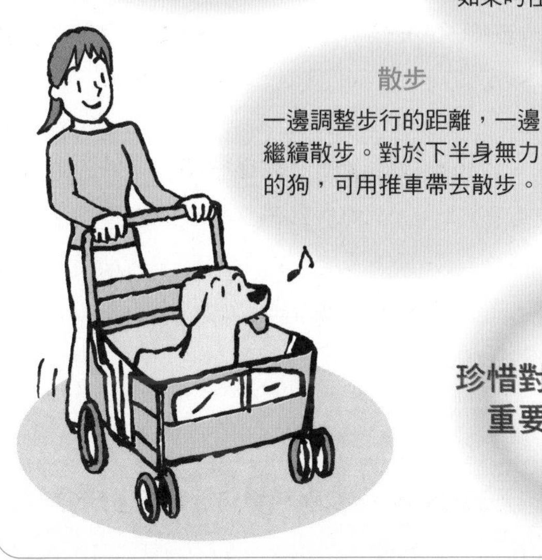

珍惜對愛犬而言的重要生存價值

狗狗的老年期　2

狗也會得癡呆症

邁入高齡後，有時狗也會和人一樣，出現癡呆的症狀。此時，請確實理解愛犬的狀態，適當加以對應。

好發於柴犬或日本種的米克斯

罹患癡呆症的年齡與輕重程度，視個別狀況而定。發病的原因不明，有一些關於代謝及神經迴路問題之類的各種資料。若依犬種來看，已知柴犬等日本犬及日本犬的米克斯較容易得病，占壓倒性多數。

日本犬的飲食曾經以魚為主，現今則是吃以肉為主原料的狗飼料。這種飲食上的變化，減少了攝取魚貝類富含的不飽和脂肪酸DHA（二十二碳六烯酸，Docosahexaenic Acid）及EPA（Eicosapentaenoic acid，二十碳五烯酸）的機會。有人認為容易得到癡呆症。

若日夜顛倒及夜鳴就要多注意

隨著病情的進展，會和得癡呆症的人一樣，出現「不斷地想吃飯」等類似症狀。請改成**一天的份量不變，但分成五餐或六餐等少量餵食的方式**。如此一來，愛犬得到滿足，也容易消化與吸收，有益身體健康。

狗比較大的問題是，**有的會日夜顛倒、夜間吠叫**。長此以往，會給鄰居帶來困擾，也使許多飼主變得神經衰弱。有人的處理方式是立刻餵食鎮定劑，而我的建議是「不要讓愛犬白天睡覺」。抱著牠，或讓牠坐在寵物推車上等，若白天醒著，晚上就會比好入睡。

一般認為補充DHA及EPA等可有效預防犬隻出現癡呆症的行為。可在動物醫院買到。

一旦出現癡呆的症狀……

當愛犬罹患癡呆症時，請思考如何對應。

狗癡呆的主要症狀

- 只要有食物的味道，就會一直要找來吃。
- 明明吃了，還一直吠叫「還沒吃」。
- 在家中走動徘徊（只前進不後退）。
- 日夜顛倒，夜間醒著。
- 原因不明的嚴重吠叫。
- 缺乏表情。
- 不認得飼主。

需要照顧時

盡可能以輕鬆的心情，營造一個可以舒適照護的環境。

範例 在家中徘徊

製作一個沒有角的圓形圍欄，
讓愛犬盡情走動。

只會前進的狗，萬一碰到了什麼縫隙，因為不懂後退，會被卡住而一直原地踏步，有時會流口水及就地小便……

可利用靠枕之類的柔軟腳踏墊等製作。飼主即使暫時離開視線，把軟圈環放入，也可確保愛犬的安全。

送別愛犬　1

對安樂死的看法

可以讓愛犬接受高度治療的飼主變多了，但也有人心痛這樣的治療會不會反而讓愛犬更痛苦。

安樂死是歐美的觀點

「安樂死」在日本是不易被接受的觀念。在歐美，當愛犬得了不治之症，「看不到未來，被判定會離世」、「無法保擁有之前的生活品質」、「伴隨著痛苦與煎熬」等條件重疊時，主流的見解是「讓牠平靜地結束生命」，這是飼主給愛犬的一份禮物。歐美並沒有照護狗的習慣，很多人覺得在受苦前就放手讓牠走才是對牠好的方式。這點**和日本的文化有很大的出入**。

狗的照護方式沒有正解

在日本，安樂死是個敏感的問題，沒有飼主會先對獸醫師提出來。也有醫院表示，「我們絕對不施行安樂死！」。只是，我認為**「絕對不要安樂死」不應該被全盤否定。**

實際上我自己對於生重病的愛犬與愛貓，在經過許多的評估與考量後，最後決定讓牠們安樂死。安樂死一般是注射麻醉劑讓狗睡著，之後再進行停止心臟的處置。如此分兩階段進行，可以平靜地結束生命。我請獸醫師來家裡，狗抱著我的手腕就此長眠。對於受病痛所苦的愛犬，究竟要怎麼作才好，飼主不妨好好**整理一下心緒，在以愛犬為前提的考量下，選擇一個飼主本身也能接受的方法**，這才是最大的重點。

在接受犬隻安樂死的歐美各國，並沒有販售犬用照護床等。反觀日本則有許多相關的老年照護用品。

整理心緒，想清楚要如何照護愛犬

照護愛犬時，飼主要將問題一項一項妥善解決。

即使是安樂死，也有理由及時機上的選擇

愛犬短短的人生已接受多次相同的手術。再也無法忍受牠受手術之苦，再發病就決定讓牠安樂死。

本來就有病，又發現癌症，反覆住院、出院。

愛犬和飼主的狀況

在自宅安樂死……

希望愛犬在能夠安心的環境下長眠。

在動物醫院……

若在自宅死去，之後自己將久久無法振作。

送別愛犬　2

愛犬的告別儀式

已經到天國旅行的愛犬，要以什麼方式和牠道別呢？選擇一個不會感覺遺憾的方式，是跨越死亡悲傷的第一步。

隨飼主的心意即可

在日本，愛犬死亡後要去辦理**畜犬登錄註銷手續**，並不需要和人一樣必須在死亡七天內辦理。如果想和愛犬多相處幾天，就這麼作吧！我第一次守著愛犬過世後，因為太過傷心，約一星期的時間才能和牠的遺體道別。

告別儀式隨飼主的意思舉辦，例如有人是抱著愛犬遺體繞之前散步的路線走一遍。有的是和家人一起在家中舉行葬禮，或邀約親友等到殯葬場舉行盛大喪葬儀式。可以埋在庭院，也可以火葬後再將骨灰帶回。

委託火葬務必到場觀禮

現在的寵物殯葬業者，提供火葬及土葬等多種服務。像是車上設有火葬設備的**行動火葬車**，會開到家門口接愛犬的棺木，誦經告別後，於車上進行火葬。墓園或殯葬場的火葬則**個別火葬**與**集體火葬**兩種。近來，曾發生惡質的寵物殯葬業者並未將遺體火葬而丟棄山林令人痛心的事件。為避免發生類似狀況，飼主**最好到場觀禮**。事前則先確認火葬場的狀況及定期舉行動物火葬的設備等等之後再作決定。總之，**選擇一個對飼主而言最不覺得痛苦又能認同的告別方式吧！**

以往愛犬死後，一般是是埋在庭院等。隨著居住環境的多樣化，現在遺體多半是火化。

與視為家中一員的愛犬告別

愛犬死後予以厚葬，埋於墓園的飼主變多了。

- **行動火葬車**
  →到自宅，在車上進行火葬。
- **個別火葬**
  →在火葬場**個別**火葬。
- **集體火葬**
  →在火葬場和**其他動物遺體一起**火葬。

- **放在家中**
- **寄放在納骨塔**
- **埋在墓園**

注意！

因業者激增，發生過不少糾紛，請確實比較後再行委託。

送別愛犬　3

給失去愛犬的人

失去愛犬的飼主，其所承受的失落感與悲傷難以言喻。可是，愛犬應該希望飼主能早點再展笑顏。

不要強忍悲傷

失去愛犬或愛犬死亡，我想沒有人會不傷心，**甚至難過到直掉眼淚**。就讓自己完全墜入谷底，再爬起來。若是給自己拷上「不可以在愛犬面前掉眼淚」的枷鎖，讓情緒一直懸在半空中，結果反而拉不回來。

對於失去愛犬的難過心情，家人或朋友中可能會認為「不過就是狗而已」缺乏同情心的言論，結果就像壓垮駱駝的最後一根稻草，讓飼主陷入所謂「寵物喪失症候群」的重度憂鬱中。為了避免事態演變至此，請找願意聆聽的理解者，和對方傾訴下心情。雖然再怎麼傷心愛犬也無法復生，**但藉由反覆的情緒抒發，可以將悲傷稀釋得越來越淡薄。**

想念愛犬時

有的飼主會自責「如果當初這麼作，我家狗就不會死了」等等。一直沉溺在這樣的情緒，處於難過的狀態中，愛犬會高興嗎？當飼主**跨越哀傷，重拾歡樂生活，這才是牠們所期盼的。**

能夠珍惜愛犬，給予最後照護的人，是**負起責任和愛犬生活的飼主**。全國還有許多遭到不負責任飼主丟棄的狗，正在等待一個新家族來迎接牠們。如果能把和愛犬的快樂回憶放在心中，想著如何讓其他狗也能幸福生活，這才是更好的作法。

寵物喪失症候群是1970年代左右源於美國的詞彙，日本於1990年後半才開始引用。

為了從悲傷中站起來

為了愛犬，必須適時停止，不可以無止盡地沉浸於悲傷中。

盡情哭泣、哀傷。

悲傷需要時間療癒，
不需要急著作些什麼。

向身邊能理解的人傾訴。可和曾經失去愛犬、有同理心的人聊一聊。

儘量抒發自己的
情緒。

如果很難整理好情緒，
可考慮迎接另一位新的成員。

在已故愛犬的
快樂守護下，
度過每一天！

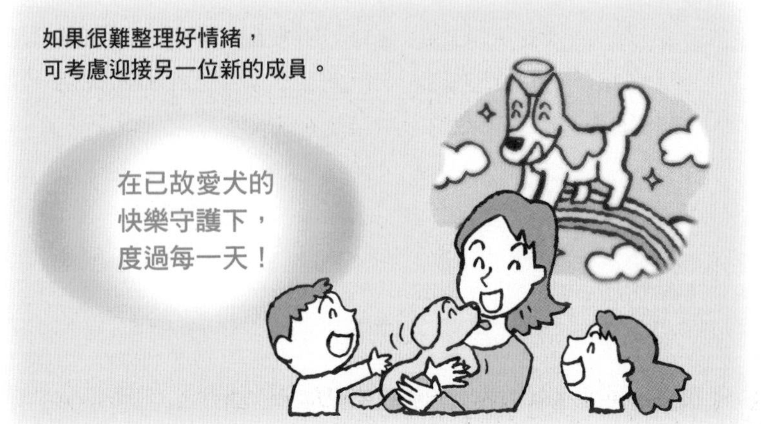

作能讓狗狗感到幸福的事

如果要和狗一起生活，請終其一生的對牠付出感情。成為讓愛犬安心的飼主，並溫柔守護在牠身旁。

不要讓討厭狗的人增加！

狗是常和飼主一起外出的動物，如散步等等。只要步出家門，就和他人共用相同的場所，即開始**社會參與**。

若放著大小便不清理，或在公共場所將狗的牽繩解開，使得討厭狗的人及「禁止狗進入」的看板增加。這種「只圖自己方便」的態度，反而是未蒙其利先受其害。

日本是個「體貼他人」和「以和為貴」文化扎根很深的國家，基本上，**不造成他人困擾**是社會既定的規則。為了守護愛犬的幸福，時時將這樣的社會目光放在心裡也是很重要的事。

作個有責任感的飼主

請諸位愛犬家，清楚瞭解日本目前的犬隻現況。及至現在，日本一年還有八萬頭的犬隻遭到**撲殺**。未來想要飼養的人，拜託請把**到愛護動物團體或相關政府單位領養**列為首選，並將這個訊息告知身邊的人。

而已經和狗一起生活的人，請遵守**不棄養**、**不走失**、**不任意繁殖**三大原則。理解狗的習性及情緒的飼主變多了，如果能確實遵守這些事項，被奪走性命的犬隻數量就會越來越少吧！

走失犬尋獲率及收容犬的領養都增加了。愛犬家負責任的行動，對於減少犬隻遭撲殺有正面的作用。

守護狗，給牠們幸福

守護牠們的性命，就算只能解救一隻命運悲慘的狗都是好事。

不棄養！

- 在飼養之前就要考慮清楚能不能負起照顧牠一輩子的責任。
- 教會愛犬養成符合社會的好習慣。
- 萬一發生不可預期的狀況，也能幫牠找到新飼主。

不走失！

- 不隨意解開牽繩，不讓牠離開視線。
- 為了預防萬一，幫牠掛上防走失名牌、鑑札，並植入晶片。

不任意繁殖！

- 接受結紮手術。

繁殖並不是外行人可以簡單作到的。

還有許多狗在等待著願意和牠們一起生活的飼

瞭解現況，勿隨媒體起舞

2006年11月下旬，日本有許多人圍在電視機前，緊盯著救援德島市眉山斜坡上無法動彈母犬的過程。這隻母犬是出沒於附近的野犬群其中之一，由於全國性媒體的連日報導，被稱為「崖上小犬」而聲名大噪。

隔年一月，德島縣愛護動物管理中心舉行領養大會，有十一組人想領養「崖上小犬」，在眾多媒體的見證下，抽籤結果由一位六十多歲的女性中籤，將崖上小犬領養回家。事實上，救出現場附近的崖上小犬姐妹犬也在領養會中出現，雖然外觀和崖上小犬幾乎一樣，未中籤者當中卻沒有一人想要領養牠。在救援行動播出後，來自全國各地有意領養的電話湧入管理中心，據稱有一百通以上。因為是「電視上出名的狗，所以才想要幫助牠」嗎？不管電視有沒有播出，生命珍貴的這個事實都不會有所改變。

希望各位瞭解的是，不只在德島縣，自家附近也有各種的收容設施，許多面臨撲殺的狗，正等待人們伸出溫柔的手將牠們領養回家。

INDEX

さ行

た行

な行

は行

ま行

や行

ら行

わ

主要參考文獻

- 《快樂解剖學　我和狗狗巧比哪裡不一樣》佐佐木文彥　学窓社
- 《快樂解剖學續集　我和狗狗巧比哪裡不一樣》佐佐木文彥　学窓社
- 《狗狗的教養科學　從學習心理學、腦科學、行動學思考與狗狗相處的方法》西川文二　SB Creative
- 《用科學方法教養狗狗　簡單就能解決狗狗的行為》西川文二　ジュリアン（julian）
- 《狗狗也開心的教養訓練讚美技巧》Canine Unlimited（ケーナイン・アンリミテッド）監修　學習研究社
- 《64個訓練技巧一次解決狗狗令人困擾的行為》Canine Unlimited（ケーナイン・アンリミテッド）監修　學習研究社
- 《你應該要知道的狗狗心聲》水越美奈監修　西東社
- 《狗的行為　常識不一定是對的》堀 明　ナツメ社
- 《 從動物行為學了解狗狗的心理》Michael W. FoxMichael　朝日新聞社

- 《幸福幼犬的飼育手冊》矢崎潤　大泉書店
- 《一次解決狗狗教養的七大困擾！讚美與獎勵的矢崎流訓練》矢崎潤　日東書院
- 《狗狗的教養一好好上廁所篇》矢崎潤　高橋書店
- 《狗狗的教養一不再愛亂咬篇》矢崎潤　高橋書店
- 《狗狗的教養一好好看家篇》矢崎潤　高橋書店
- 《狗狗的教養一不再愛亂叫篇》矢崎潤　高橋書店
- 《第一次教養柴犬就上手》矢崎潤　日本文藝社
- 《易懂易學的愛犬規矩與禮儀》矢崎潤監修　成美堂出版
- 《室內犬的飼育與教養》矢崎潤監修　西東社
- 《與黃金獵犬生活的101個訣竅》矢崎潤監修（教養部分）　枻出版社
- 《與臘腸犬生活的101個訣竅》矢崎潤監修（教養部分）　枻出版社

寵 物 書 05

一分鐘圖解

不可思議的狗知識

如何讀懂狗狗的內心話？

作　　者／矢崎　潤
譯　　者／瞿中蓮
發 行 人／詹慶和
總 編 輯／蔡麗玲
執行編輯／李佳穎
編　　輯／蔡毓玲・劉蕙寧・黃璟安・陳姿伶・李宛真
封面設計／韓欣恬
美術編輯／陳麗娜・周盈汝・韓欣恬
內頁排版／造極
出 版 者／美日文本文化館

Staff
內文設計／川島 進（スタジオギブ）
D T P／株式会社エディット
　　　　株式会社アクト
內文插圖／馬場俊行
協力執筆／小島祐子

郵政劃撥帳號／18225950
戶名／雅書堂文化事業有限公司
地址／220新北市板橋區板新路206號3樓
電子信箱／elegant.books@msa.hinet.net
電話／(02)8952-4078
傳真／(02)8952-4084

2016年12月初版一刷　定價280元

經銷／高見文化行銷股份有限公司
地址／新北市樹林區佳園路二段70-1號
電話／0800-055-365
傳真／(02)2668-6220

國家圖書館出版品預行編目資料

一分鐘圖解：不可思議的狗知識 / 矢崎潤著；瞿中蓮譯.
-- 初版. -- 新北市：美日文本文化館, 2016.12
面；　公分. --（寵物書；5）
譯自：もっと知りたい! いぬの気持ち (雑学3分間ビジュアル図解シリーズ)
ISBN 978-986-93735-1-7（平裝）

1.犬 2.動物行為 3.動物心理學

437.35　　105022069